Al-Amin Hossain
Dr. Md. Elias Hossain
Dr. Sachchidananda Das Chowdhury

Efeito dos extractos de folhas de neem no desempenho de crescimento dos frangos de carne

Al-Amin Hossain
Dr. Md. Elias Hossain
Dr. Sachchidananda Das Chowdhury

Efeito dos extractos de folhas de neem no desempenho de crescimento dos frangos de carne

ScienciaScripts

Cover image: www.ingimage.com

This book is a translation from the original published under ISBN 978-620-2-30859-5.

Publisher:
Sciencia Scripts
is a trademark of
Dodo Books Indian Ocean Ltd. and OmniScriptum S.R.L publishing group

120 High Road, East Finchley, London, N2 9ED, United Kingdom
Str. Armeneasca 28/1, office 1, Chisinau MD-2012, Republic of Moldova, Europe
Printed at: see last page
ISBN: 978-620-8-26380-5

Conteúdo

AGRADECIMENTOS

Em nome de Alá, a autoridade suprema deste universo

O autor gosta sempre de inclinar a cabeça para Alá Todo-Poderoso pela sua bênção sem fim na conclusão bem sucedida do trabalho. Todos os louvores são devidos a Deus Todo-Poderoso, com a sua compaixão e misericórdia, por ter concedido ao autor a capacidade de concluir com êxito esta tese para a obtenção do grau de Mestre em Ciências (MS) em Avicultura.

O autor gostaria de expressar o seu mais profundo sentimento de apreço e agradecimento ao seu querido professor e supervisor de investigação, **o Professor Dr. Md. Elias Hossain**, do Departamento de Ciências Avícolas da Universidade Agrícola do Bangladesh (BAU), Mymensingh, pela sua orientação cordial e escolar, encorajamento contínuo, sugestões valiosas e toda a ajuda ao longo do trabalho de investigação e da finalização deste manuscrito.

O autor está extremamente grato ao expressar a sua sincera gratidão e imensa dívida para com o seu respeitado professor e co-orientador de investigação **Dr. S. D. Chowdhury**, Professor, Department of Poultry Science, BAU, Mymensingh, pela sua sincera cooperação, orientação inestimável e sugestões valiosas para a conclusão do trabalho de investigação e preparação da tese.

O autor aproveita a oportunidade para exprimir o seu sincero apreço e profunda gratidão ao **Dr. Md. Bazlur Rahman Mollah**, Professor e Diretor do Departamento de Ciências Avícolas da Universidade de Agricultura do Bangladesh, Mymensingh, pela sua orientação académica, conselhos úteis, instruções necessárias e críticas construtivas durante o trabalho.

O autor sente-se orgulhoso pela sua sincera apreciação, melhores cumprimentos e respeito pelos seus honoráveis professores **Professor Dr. S. M. Bulbul, Professor Dr. Md. Ashraf Ali, Professor Dr. Md. Shawkat Ali, Professor Dr. Shubash Chandra Das, Professor Dr. Fawzia Sultana, Professor Dr. Musabbir Ahammad**, Departamento de Ciências Avícolas; pela sua generosidade e sugestão, comentários construtivos e conselhos na apresentação da proposta de investigação e na realização deste trabalho de investigação na BAU Poultry Farm.

É com grande prazer que expresso os meus agradecimentos cordiais ao Sr. Chitta Rongon Das, bolseiro de doutoramento do Departamento de Avicultura da BAU, pela sua assistência e sugestões informativas. O autor agradece também a todos os técnicos de laboratório, especialmente ao Sr. Habibur Rahman, do laboratório central, e ao pessoal administrativo do Departamento de Avicultura da BAU, Mymensingh, pela sua cooperação sincera para a realização do trabalho de investigação.

O autor exprime os seus agradecimentos a todos os seus simpatizantes e colegas de EM, nomeadamente Akramul Haque, Ahsanul Maruf, Md. Sarifuzzaman pela sua inspiração e ajuda geral durante todo o período de estudo.

O autor expressa a sua mais sincera gratidão e reconhecimento aos seus queridos pais Afzal Hossain e Anju Monowara, à sua irmã mais nova Ummeya Shiha Alam e a todos os membros da sua família e parentes pelos seus sacrifícios, bênçãos e encorajamento que abriram caminho para a sua educação superior na Universidade Agrícola do Bangladesh.

O autor

RESUMO

Esta experiência foi realizada para avaliar a eficácia dos extractos de folhas de nim (*Azadirachta indica*) quando suplementados com água de bebida para o desempenho de crescimento, parâmetros bioquímicos séricos e conteúdo microbiano fecal de frangos de carne. A experiência foi realizada durante um período de 32 dias com pintos de carne cobb-500 de 300 dias de idade. As aves foram divididas em cinco grupos de tratamento dietético com 4 réplicas, cada uma com 15 aves. Os grupos de dieta foram: controlo (dieta basal; sem suplemento), antibiótico (dieta basal + antibiótico), 2% NLE (dieta basal + 2% de extractos de folhas de nim), 4% NLE (dieta basal + 4% de extractos de folhas de nim) e 6% NLE (dieta basal + 6% de extractos de folhas de nim). Os resultados mostraram que o peso corporal e o ganho de peso corporal aumentaram significativamente (P<0,05) nos grupos com antibiótico e 2% de NLE em comparação com os outros grupos de tratamento. Os grupos suplementados com antibiótico e 2% de NLE apresentaram melhor FCR (P<0,05) em comparação com os outros grupos de tratamento. O grupo de controlo e o grupo com antibiótico apresentaram um maior consumo de ração em comparação com os grupos suplementados. Não houve diferenças significativas (P>0,05) nos parâmetros bioquímicos séricos, como glicose, colesterol e triglicerídeos, entre os diferentes grupos de tratamento. No caso do rendimento da carne e dos parâmetros de preparação nos diferentes tratamentos, a gordura abdominal apresentou uma variação significativa, tendo o grupo dos antibióticos apresentado melhores resultados do que o grupo de controlo e o grupo 2% NLE. A contagem total viável (TVC) dos diferentes tratamentos mostrou diferenças significativas (P<0,05), onde o grupo 2% NLE mostrou o maior valor de TVC em comparação com outros grupos. Entre os grupos suplementados, o grupo 2% NLE apresentou um valor mais elevado de lucro total por frango vivo. Em conjunto, os resultados indicaram que a suplementação de NLE teve um efeito positivo no desempenho do crescimento, na rentabilidade e na contagem total de micróbios viáveis nas fezes. Entre as doses testadas, o grupo de 2% de NLE apresentou melhores resultados. Por conseguinte, 2% de NLE pode ser utilizado para a produção de frangos de carne sem antibióticos.

Palavras-chave: Antibióticos, Extrato de folha de Neem, Parâmetros de preparação, Desempenho de crescimento

ABREVIATURAS E SÍMBOLOS

ABBREVIATION	FULLMEANING
Abs	Absorbed
ANOVA	Analysis of variance
Av.	Average
ATP	Adenosine Tri Phosphate
AGPs	Antibiotic Growth Promoters
BAU	Bangladesh Agricultural University
Ca	Calcium
CF	Crude Fiber
CFU	Colony Forming Unit
Cl	Chlorine
Cm	Centimeter
Contd.	Continued
CP	Crude protein
CRD	Completely Randomized Design
CF	Crude fiber
Cys.	Cysteine
DNA	Deoxyribo Nucleic Acid
DM	Dry matter
e.g.	For example
EE	Ether extract
EU	European Union
et al.	And others

FCR	Feed Conversion Ratio
Fig.	Figure
g	Gram
i.e.	That is
IBD	Infectious Bursal Disease
IGR	Insect Growth Regulators
IU	International Unit
ISO	International Organization for Standardization
Kcal	kilo-calorie
Kg	kilogram
L	Liter
Lys	Lysine
M	Meter
Met.	Methionine
ME	Metabolizable energy
mg	Milligram
ml	Milliliter
NA	Nutrient Agar
NLE	Neem Leaf Extract
NLM	Neem Leaf Meal
ND	Newcastle Disease
NSP	Non-Starch Polysaccharides
NSC	Neem Seed Cake
P	Phosphorus
PSE	Pooled Standard Error

ppm	Parts per million
PCV	Packed Cell Volume
Hb	Hemoglobin
R	Replication
r	Rotation per minute
RNA	Ribo Nucleic Acid
STD	Standard
SAS	Statistical Analysis System
Tk.	Taka
TVC	Total Viable Count
USDA	United States Department of Agriculture
UN	United Nation
UK	United Kingdom
US	United States
Vit.	Vitamin
WHO	World Health Organization
%	Percentage
@	At the rate of
+	Plus
>	Less than
<	Greater than
±	Plus minus
/	Per
:	Ratio
×	Multiply

&	And
µl	Microliter
µg	Microgram

CAPÍTULO 1

INTRODUÇÃO

O Bangladesh é um país densamente povoado. Para satisfazer as necessidades proteicas de uma grande população, é necessário produzir grandes quantidades de proteínas animais, como o leite, a carne e os ovos. A carne de frango desempenha um papel crucial nestes aspectos. A produção de frangos de carne registou um crescimento dramático nas últimas duas décadas. Estas melhorias devem-se, em grande parte, a numerosas investigações e programas de criação que melhoraram a utilização dos alimentos, a taxa de crescimento e a rentabilidade. Os agricultores estão a utilizar antibióticos na alimentação dos frangos de carne para melhorar o crescimento e a eficiência alimentar, o que afecta negativamente a saúde humana. Comercialmente, a utilização de vários produtos químicos, antibióticos e promotores de crescimento a níveis subterapêuticos durante um período prolongado também aumentou, o que tem efeitos adversos na saúde das aves de capoeira e os seus resíduos na carne podem ser perigosos para a saúde humana. A utilização de antibióticos como factores de crescimento tende a ser administrada nos alimentos a níveis subterapêuticos durante períodos prolongados a toda a manada e rebanho. Até há pouco tempo, a principal preocupação com a incorporação de antibióticos nos alimentos para animais estava relacionada com os resíduos de antibióticos nos produtos provenientes de animais tratados. A Organização Mundial de Saúde (OMS 1997) recomendou que os antibióticos fossem progressivamente eliminados da alimentação das aves de capoeira e substituídos por alternativas que não tenham efeitos adversos na saúde do consumidor (Bywater 2005). Tendo em conta este facto, a União Europeia (UE) proibiu os antibióticos promotores de crescimento em 2006 (Castanon 2007).

Os cientistas de todo o mundo estão muito preocupados com esta questão e procuram alternativas aos antibióticos. A maior parte dos cientistas do mundo prefere os medicamentos de origem natural aos antibióticos na produção de frangos de carne. Os medicamentos naturais provenientes de ervas e especiarias também foram introduzidos como aditivos alimentares nas dietas das aves de capoeira (Guo 2003). As plantas e ervas medicinais estão disponíveis no Bangladesh. Assim, a inclusão de plantas medicinais e ervas como as folhas de neem (*Azadirachta indica*) na dieta das aves de capoeira poderia ser uma boa abordagem para encontrar alternativas aos promotores de crescimento antibióticos (AGPs) e outros promotores de crescimento, hormonas ou enzimas que são normalmente utilizados para melhorar o desempenho de crescimento dos frangos de carne comerciais.

A Azadirachta indica, vulgarmente conhecida como neem, atraiu a atenção mundial nos últimos anos, devido à sua vasta gama de propriedades medicinais. O neem tem sido amplamente utilizado na medicina ayurvédica, unani e homeopática e tornou-se um centro de interesse da medicina moderna (Subapriya e Nagini 2005, Koul e Opender 1990). O Neem elabora uma vasta gama de compostos biologicamente activos que são quimicamente diversos e estruturalmente complexos. Mais de 140 compostos foram isolados de diferentes partes da cana do Neem. Todas as partes da árvore de neem - folhas, flores, sementes, frutos, raízes e casca - têm sido utilizadas tradicionalmente para o tratamento de inflamações, infecções, febre, doenças de pele e perturbações dentárias. As utilidades medicinais e a vasta gama de actividades farmacológicas foram descritas especialmente para a folha de neem. Foi demonstrado que as folhas de neem e os seus constituintes apresentam propriedades imunomoduladoras, anti-inflamatórias, anti-hiperglicémicas, antiulcerosas, antimaláricas, antifúngicas, antibacterianas, antivirais, antioxidantes, antimutagénicas e anticarcinogénicas (Subapriya e Nagini 2005). O extrato das folhas contém nimbina, nimbineno, 6-desacetilnimbieno, nimbandiol, nimbolide e quercetina (Mitra *et al.* 2000). As folhas são carminativas e ajudam na digestão. Um extrato aquoso (10%) de folhas tenras possui propriedades antivirais contra a varíola aviária, a IBD e o vírus da doença de New Castle (NDV) e aumenta significativamente a produção de anticorpos contra a IBD e o NDV (Sadekar *et al.*1998).

O extrato aquoso de folhas de Neem tem um bom potencial terapêutico como agente anti-hiperglicémico, agente antibacteriano e pode ser utilizado para controlar a contaminação bacteriana no ar em instalações residenciais (Mishra *et al.* 2013). Foi demonstrado que o extrato de folhas de Neem actua como um promotor de crescimento (Landy *et al.* 2011), melhora o desempenho e os parâmetros hematológicos (Nayaka *et al.* 2013) e a resposta imunitária (Nayaka *et al.* 2012, Jawad *et al.* 2013) em frangos de carne.

A utilização da amargoseira como fonte para a medicina humana é muito comum, mas, tendo em conta os seus componentes bioactivos, a sua utilização na alimentação e na água dos frangos de carne é uma ideia nova no Bangladesh. A literatura sobre o efeito da alimentação com neem no desempenho dos frangos de carne, bem como a sua relação custo-eficácia nas condições do Bangladesh, é escassa. Além disso, para obter produtos seguros para as aves de capoeira, a indústria dos alimentos para aves de capoeira necessita de informações adequadas sobre este aspeto para aumentar a produção comercial de frangos de carne no Bangladeche. Por conseguinte, o estudo proposto procurou obter mais informações sobre os efeitos do neem isolado nos frangos de carne, a fim de cumprir os seguintes objectivos

Objectivos:

a) Determinar os efeitos dos extractos de folhas de nim no desempenho do crescimento, no rendimento da carne, no desenvolvimento dos órgãos internos e dos ossos dos frangos de carne.

b) Avaliar os parâmetros bioquímicos sanguíneos dos frangos de carne.

c) Investigar as propriedades antimicrobianas da anona.

d) Avaliar a relação custo-eficácia da produção de frangos de carne utilizando extractos de folhas de nim.

CAPÍTULO 2
REVISÃO DA LITERATURA

2.1 Antibióticos promotores de crescimento para a produção animal

Tem havido uma controvérsia crescente em torno da utilização de antibióticos como factores de crescimento para animais destinados à alimentação. Estes medicamentos são utilizados em doses baixas nos alimentos para animais e considera-se que melhoram a qualidade do produto, com uma menor percentagem de gordura e um maior teor de proteínas na carne (FAO 2004).

A utilização de antibióticos para promover o crescimento ou para fins terapêuticos suscita também preocupações a nível mundial, devido à possibilidade de alguns medicamentos entrarem na cadeia alimentar humana, apesar das rigorosas medidas de retirada e dos testes destinados a evitar a presença de resíduos de antibióticos nos alimentos, ao aumento da resistência aos antibióticos nos animais, a uma potencial, embora largamente não comprovada, ligação a infecções resistentes aos antibióticos nos seres humanos e àquilo que alguns consideram ser uma utilização indevida de antibióticos. A utilização de qualquer antibiótico está associada à seleção de resistência em bactérias patogénicas e tem-se argumentado que a utilização de antibióticos promotores de crescimento impõe uma pressão de seleção de bactérias resistentes aos antibióticos que podem ser utilizados na prática clínica ou veterinária, comprometendo assim a utilização contínua da quimioterapia antimicrobiana (Hughes e Heritages 1993).

2.2 Efeitos nocivos dos antibióticos promotores de crescimento

Existem provas de que a resistência em alguns patogéneos entéricos humanos surgiu devido à transferência de bactérias resistentes ou de genes de resistência dos animais para as pessoas através da cadeia alimentar (Barton 2000, Roe e Pillai 2003). Tem sido postulado que a reexposição a antibióticos previamente retirados conduzirá a um efeito de ricochete, com um reaparecimento muito rápido da resistência (Salyers e Amabile-Cuevas 1997). A utilização injustificada de antibióticos promotores de crescimento (AGP) a um nível subterapêutico em animais e aves de capoeira provocou o consequente aparecimento de resistência a esse antibiótico específico em várias bactérias patogénicas (Rerksuppaphol *et al.* 2003 e Zhao *et al.* 2003). Cervantes (2004) afirmou que a evidência científica da resistência aos antibióticos em animais destinados à alimentação está associada a infecções resistentes nos seres humanos. Alguns cientistas acreditam que a dependência e a utilização incorrecta de antibióticos na medicina humana é a principal causa da resistência (CSPI 1999).

Gassner e Wuethrich (1994) demonstraram a presença de metabolitos de cloranfenicol em produtos à base de carne e concluíram que não pode ser excluída uma ligação entre a presença destes resíduos de antibióticos na carne e a ocorrência de anemia aplástica nos seres humanos. O possível efeito adverso da utilização de antibióticos para a saúde humana foi referido pela primeira vez por Swann (1969). Foi referido que o risco provável para a saúde humana resultava da administração de níveis subterapêuticos de antibióticos aos animais destinados à produção de alimentos. Os genes de resistência aos antibióticos podem ser transferidos de agentes patogénicos animais ou comensais para agentes patogénicos humanos (Van den Bogaard e Stobberingh 1999, 2000). Vários relatórios (OMS 1998, MAFF 1998) descreveram a ligação entre a utilização de antibióticos em animais e o desenvolvimento de resistência em agentes patogénicos humanos. Gold e Moellering (1996) afirmaram que a maioria dos problemas de resistência humana aos antibióticos está relacionada com a utilização de antibióticos em animais.

2.3 Alternativas aos antibióticos promotores de crescimento

Os debates anteriores mostraram os efeitos nocivos dos AGP, especialmente na saúde humana. Tendo em conta os efeitos adversos e a retirada dos antibióticos promotores de crescimento pela UE, os cientistas estão a procurar ativamente uma alternativa eficaz aos AGP. Recentemente, em vez de antibióticos, foram introduzidos alguns componentes alternativos, como probióticos, prebióticos, ácidos orgânicos, ervas e aditivos fitogénicos para a alimentação animal (Patterson e Burkholder 2003).

2.3.1 Ervas e produtos à base de plantas

Estima-se que existam 250000-500000 espécies de plantas na terra (Borris1996). Muitos cientistas têm procurado alternativas aos antibióticos através da utilização de extractos de algumas destas plantas (Longhout 2000). Siddig e Abdelati (2001), que efectuaram um trabalho de investigação em rações para frangos de carne alimentados com curcuma e cravinho, revelaram um maior ganho de peso. Nagalakshmi *et al.* (1996) e Gowda *et al.* (1998) relataram que os princípios amargos das plantas medicinais têm uma forte influência nos traços hematológicos, particularmente PCV e Hb dos indivíduos, dependendo do seu estado nutricional. Rahimi *et al.* (2011) referiram que foi realizado um estudo de investigação para avaliar os efeitos de três extractos de ervas e de um antibiótico virginiamicina no desempenho do crescimento, no sistema imunitário, nos factores sanguíneos e em populações bacterianas intestinais selecionadas em frangos de carne. Toghyani *et al.* (2011) referiram que foi realizado um estudo para investigar o efeito da suplementação dietética com canela e alho em pó como agentes promotores de crescimento no desempenho, nas caraterísticas da carcaça, nas respostas imunitárias, na bioquímica sérica, nos parâmetros hematológicos e na avaliação sensorial da carne da coxa em frangos de carne. Khaligh *et al.* (2011) realizaram um estudo para investigar os efeitos de cinco misturas de plantas medicinais no desempenho, nas caraterísticas da carcaça, na imunidade humoral e nos lípidos séricos de frangos de carne.

2.4 História do neem

A história da árvore de neem remonta às antigas civilizações Harappa e Mohenjo-Daro na Índia. Os médicos dessa época estudavam uma variedade de plantas e árvores naturais com valor terapêutico e a árvore de neem era uma delas. As primeiras indicações de que a árvore de neem era utilizada pelas suas propriedades medicinais em casa começaram há cerca de 5000 anos. Diz-se que o neem foi amplamente utilizado em sistemas tradicionais de medicina como a Ayurveda e este facto é também mencionado nas primeiras escrituras indianas de medicina - a Charak Samhita e a Sushruta Samhita. O neem era utilizado anteriormente nos lares para dar banho aos recém-nascidos, proteger as pessoas das picadas de insectos e também era utilizado indigenamente para proteger uma série de plantas, uma vez que o neem continha propriedades insecticidas. Era também muito utilizado para curar doenças de pele. Gradualmente, a fama desta "árvore milagrosa" espalhou-se pelos países ocidentais e, após muitas pesquisas financiadas por organizações internacionalmente aclamadas como a ONU, a neem e os seus produtos foram aceites pelo seu valor terapêutico e por não terem efeitos secundários nos EUA, Reino Unido, Austrália, entre outros. A árvore de Neem tem poderes milagrosos e os cientistas estão a começar a revelar os poderes e o potencial desta árvore venerada. Atualmente, está a ser cultivada e cultivada em vários países para explorar plenamente o seu potencial e utilizada numa base comercial (neem-products.com/neem-history.html).

2.5 Propriedades do neem

Em 1963, um cientista indiano examinou exaustivamente a química dos princípios activos do neem. Após a descoberta da semente de neem como um dissuasor da alimentação dos gafanhotos, o Neem protege-se da multiplicidade de pragas com uma multiplicidade de ingredientes pesticidas. O seu principal componente químico é uma mistura de 3 ou 4 compostos relacionados, que é complementada por cerca de 20 outros compostos de menor importância, mas que, no entanto, são activos de uma forma ou de outra. No essencial, estes compostos pertencem a uma classe geral de produtos naturais denominados "triterpenos"; mais especificamente, "limonóides". Do ponto de vista prático, estes compostos também apresentam uma grande variedade de actividades biológicas, por exemplo, pesticidas, antifeedantes e propriedades citotóxicas (Neem Foundation 1993).

Até agora, pelo menos nove limonóides do neem demonstraram a capacidade de bloquear o crescimento de insectos, afectando uma gama de espécies que inclui algumas das pragas mais mortíferas da agricultura e da saúde humana. Continuam a ser descobertos novos limonóides no neem, mas a azadiractina, a salanina, o meliantriol e a nimbina são os mais conhecidos e, pelo menos por enquanto, parecem ser os mais significativos (Neem Foundation 1993).

2.6 Componentes bioactivos do neem

Um grande número de componentes foi isolado de várias partes do neem. A estrutura de alguns destes compostos bioactivos é apresentada na Figura 2.1

A nimbidina, um importante princípio amargo bruto extraído do óleo das sementes de *Azadirachta indica*, demonstrou várias actividades biológicas. Deste princípio bruto foram isolados alguns tetranortriterpenos, incluindo a nimbina, a nimbinina, a nimbidinina, a nimbolida e o ácido nimbídico (Siddiqui 1942, Mitra *et al.*1971). A nimbidina e o nimbidato de sódio possuem uma atividade anti-inflamatória significativa, dependente da dose, contra o edema agudo da pata induzido por carragenina em ratos e a artrite induzida por formalina (Pillai *et al.* 1981). A atividade antipirética também foi relatada e confirmada na nimbidina (David 1969). Foi observado um efeito antiulceroso significativo com a nimbidina na prevenção de lesões gástricas induzidas por ácido cetilsalicílico, indometacina, stress ou serotonina, bem como de úlceras duodenais induzidas por histamina ou cisteamina (Pillai e Santhakumari 1984).

A atividade espermicida da nimbidina e da nimbina foi relatada em ratos e humanos já em 1959 (Sharma e Saksena 1959). A nimbidina também demonstrou atividade antifúngica ao inibir o crescimento de Tinea rubrum (Murthy e Sirsi 1958). In vitro, pode inibir completamente o crescimento de Mycobacterium tuberculosis e também foi considerada bactericida.

Foi demonstrado que a nimbolida exerce uma atividade antimalárica ao inibir o crescimento do Plasmodium falciparum (Khalid *et al.* 1989).

Foi relatado que a gedunina, isolada do óleo de sementes de nim, possui actividades antifúngicas e antimaláricas (Khalid *et al.* 1989).

Foi demonstrado que a azadiractina, C-seco-meliacinas altamente oxigenadas isoladas da semente de nim e com uma forte atividade antifeedante (Butterworth e Morgan 1968, Kraus 1995), também tem propriedades antipalúdicas. É inibidor do desenvolvimento de parasitas da malária.

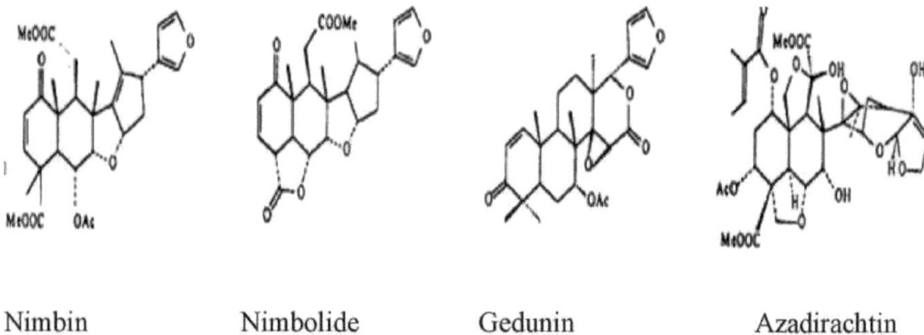

Nimbin Nimbolide Gedunin Azadirachtin

Fig. 2.1 Estruturas dos componentes bioactivos do neem (Banerjee et al. 2002).

2.7 Composição da folha de nim fresca

Os principais constituintes da folha de neem incluem proteínas (7,1%), hidratos de carbono (22,9%), minerais, cálcio, fósforo, vitamina C, caroteno, etc. Mas também contêm aminoácidos do tipo ácido glutâmico, tirosina, ácido aspártico, alanina, pralina, glutamina e cistina, e vários ácidos gordos (dodecanóico, tetradecanóico, elcosânico, etc.).

Quadro 2.1 Composição da farinha de folhas de nim (NLM)

Moisture	59.4 %
Proteins	7.1 %
Fat	1.0 %
Fibre	6.2 %
Carbohydrates	22.9 %
Minerals	3.4 %
Calcium	510 mg/100g
Phosphorous	80 mg/100g
Iron	17 mg/100g
Thiamine	0.04 mg/100g
Niacin	1.40 mg/100g
Vitamin C	218 mg/100g
Carotene	1998 microgram/100g
Carolific Value	1290 Kcal/Kg
Glutamic acid	73.30 mg/100g
Tyrosine	31.50 mg/100g
Aspartic acid	15.50 mg/100g
Alanine	6.40 mg/100g
Proline	4.00 mg/100g
Glutamine	1.00 mg/100g

(Helloindya.com/neem/chemical_composition.html)

Quadro 2.2 Composição da farinha de folhas de nim (NLM) de acordo com Laboni *e* Chowdhury (2007) e Bhowmik (2008).

Components	Composition (g/kg)*	
	Laboni and Chowdhury(2007	**Bhowmik (2008)**
Crude protein (CP)	182.1	181.6
Crude fiber (CF)	263.1	113.3
Ether extract (EE)	65.4	35.3
Nitrogen free extract (NFE)	391.1	539.1
Ash	-	130.7
Calcium	-	1.48
Phosphorus	-	10.55
Magnesium	-	1.26
Potassium	-	7230
Sodium	-	190
Copper	-	5.24
Zinc	-	47.7
Manganese	-	30.4

* Base de MS; Composição de minerais em ppm

2.8 Propriedades medicinais do neem em geral

Os extractos de folhas de *Azadirachta indica* são conhecidos por terem um bom potencial antimicrobiano. A folha de Neem e os seus constituintes demonstraram ter propriedades imunomoduladoras, anti-inflamatórias, anti-hiperglicémicas, antiulcerosas, antimaláricas, antifúngicas, antibacterianas, antivirais, antioxidantes, antimutagénicas e anticarcinogénicas (Talwar *et al.* 1997, Biswas *et al.* 2002, Subapriya & Nagini 2005).

Deore e Ingole (2005) estudaram investigações clinicopatológicas em frangos de carne que receberam diferentes níveis de suplementação de óleo de nim (*Azadirachta indica*) na ração. Este estudo foi efectuado para determinar os efeitos benéficos ou tóxicos da suplementação de óleo de nim nas rações de frangos de carne, com especial ênfase no estado geral, hematologia e parâmetros bioquímicos a 0,5, 1,0, 2,0 e 5,0% na ração. 100 pintos de carne Ven cobb com um dia de idade foram divididos aleatoriamente em 5 grupos. O grupo I (TI) serviu de controlo, enquanto os grupos II (T2), III (T3), IV (T4) e V (T5) receberam óleo de neem na ração a 0,5, 1,0, 2,0 e 5,0%, respetivamente.

Não foi registada mortalidade em nenhuma das aves do grupo de tratamento ou de controlo durante o período experimental de 6 semanas. A suplementação com óleo de neem em frangos de carne resultou num fraco desempenho em termos de consumo de ração e peso corporal, mostrando um efeito adverso dependente da dose no desempenho. O consumo médio de ração mais baixo (1700 g) e o peso corporal (801,60 g) foram observados em T5. As aves dos grupos T3, T4 e T5 mostraram penas desgrenhadas, fraca plumagem e um aumento dependente da dose na palidez do pernil, o que pode ser possivelmente devido ao fraco consumo de ração nestes grupos. Os valores hematológicos e bioquímicos não revelaram diferenças significativas entre os grupos de controlo e de tratamento. Foi observado um efeito dependente da dose no desempenho geral com um efeito adverso mínimo a 0,5% de suplementação de óleo de neem. Os resultados indicaram que as propriedades medicinais do óleo de neem poderiam ser bem exploradas abaixo dos níveis de 0,5% na dieta dos frangos de carne.

Okitoi *et al.* (2007) referiram que a anona (*Azadirachta indica*) era conhecida por prevenir doenças virais. Akilandeswari *et al.* (2003) testaram um extrato aquoso de neem preparado a partir da casca de *Azadirachta indica* contra a estirpe de bactérias *Proteus vulgaris* e fungos *Candida albicans*, para examinar a sua eficácia como agente antimicrobiano. A propriedade inibidora do crescimento do extrato aquoso foi registada em termos de zonas de inibição medidas em culturas de crescimento de 24 horas utilizando a técnica de placa de disco. O crescimento de *Proteus vulgaris* e *Candida albicans* foi inibido de forma notável devido ao extrato aquoso de casca de neem. Agarwal (2002) referiu que o extrato de folhas de Neem tem sido utilizado terapeuticamente como medicina popular para a lepra, perturbações respiratórias e obstipação e também como promotor de saúde geral.

2.9 O efeito do neem no desempenho dos frangos de carne

Sarag *et al.* (2001) realizaram um estudo para investigar os efeitos da suplementação de óleo de nim na dieta de frangos de corte sobre seu desempenho. Concluiu-se que a incorporação de 0,25% de óleo de nim na dieta melhorou o desempenho dos frangos de carne em termos de ganho de peso vivo e eficiência alimentar.

Chowdhury *et al.* (2004) referiram que tanto o peso vivo como a TCA não diferiram significativamente quando o NLM foi utilizado até 20 g/kg de nível dietético, mas ao nível de 40 g/kg diminuiu o peso vivo e aumentou a TCA em frangos de carne.

Wankar *et al.* (2009) realizaram uma experiência com pintos de 120 dias de idade, dividindo-os em quatro grupos, T0, T1, T2 e T3, que foram suplementados com pó de folhas de nim a 0 gm, 1 gm, 2 gm e 3 gm/kg de ração para frangos, respetivamente. Durante seis semanas, foram registadas observações semanais do peso corporal vivo, do ganho de peso semanal, do consumo de ração semanal e da eficiência alimentar das aves. Todos os grupos de tratamento T1 (813,03), T2 (855,07) e T3 (834,21) registaram médias significativamente (P<0,01) mais elevadas para o peso vivo do que o grupo de controlo T0 (768,69). Todos os grupos de tratamento mostraram um aumento não significativo do ganho semanal de peso, do consumo de ração e da eficiência alimentar em comparação com o grupo de controlo. Chakeravarty & Prasad (1991) referiram que as caldeiras alimentadas com uma dieta que continha folhas de nim *(Azadirachta indica)* tinham um maior ganho de peso corporal.

Ansari e Khan (2008) efectuaram um estudo para determinar a eficácia comparativa de seis plantas medicinais, incluindo *Nigella sativa, Boerhavi adiffusa, Withania somnifera, Ipomea digitata, Azadirachta indica e Corylus avellena a* 4 g/kg de ração como promotor de crescimento e a sua influência subsequente no desempenho de frangos de carne. O ganho máximo de peso foi observado com a *Withania somnifera* (1,819 kg), seguida da *Nigella sativa* (1,805 kg) e *da Azadirachta indica* (1,800 kg). A melhor TCA acumulada no final da 6ª semana de idade foi a da *Withania somnifera* (2,038), seguida da *Nigella sativa* (2,054) e *da Azadirachta indica* (2,083). Os resultados mais baixos em termos de TCA foram registados para *Ipomea digitata* (2,394) e *Boerhavi adiffusa* (2,396). Os resultados da *Corylus avellena* (2,209) e do controlo (2,235) foram estatisticamente semelhantes. O lucro máximo por ave foi obtido com as aves tratadas *com Azadirachta indica*, seguidas de *Nigella sativa* e *Withania somnifera*, em comparação com o controlo.

Durrani *et al.* (2008) descobriram que a infusão de neem *(Azadirachta indica)* melhorou com êxito o título de anticorpos e o desempenho do crescimento. Obikaonu *et al.* (2011) efectuaram um ensaio experimental de alimentação de 28 dias para avaliar os efeitos da inclusão na dieta de farinha de folhas de Neem (*Azadirachta indica*) nos índices hematológicos e bioquímicos séricos de frangos de carne de arranque. O resultado da experiência foi que a farinha de folhas de Neem na dieta não tem efeitos deletérios em alguns parâmetros fisiológicos de frangos de carne iniciantes.

Laboni & Chowdhury (2007) estudaram os efeitos da alimentação com farinha de folhas de nim *(Azadirachta indica)* (NLM) no desempenho, sobrevivência e caraterísticas de rendimento de carne de frangos de carne. Verificou-se um aumento linear significativo (P<0,05) no peso da glândula timo, enquanto o peso da bursa e todas as caraterísticas de rendimento de carne comestível não foram afectadas. Os autores sugeriram que o NLM pode ser considerado como um aditivo alimentar para frangos de carne nos níveis de 5 a 20 gm/kg, embora as respostas mais favoráveis possam ser obtidas com 5 gm/kg de dieta.

Sadekar *et al.* (1998) relataram os efeitos imunomoduladores e de promoção do crescimento da neem em pintos de carne contra a varíola aviária, a doença infecciosa da bursa e o vírus da doença de New Castle e aumenta significativamente a produção de anticorpos contra a IBD e o NDV. Lonkar *et al.* (2009) referiram que o efeito da inclusão na dieta de bagaço de sementes de nim (NSC) é benéfico para a redução substancial do teor de colesterol da carne de aves de capoeira.

2.10 Propriedade antibacteriana do neem

Hoje em dia, a utilização destas plantas medicinais está a aumentar. Estas são usadas na alimentação animal como promotores de crescimento. As folhas de *Azadirachta indica* são utilizadas para alimentar e reduzir a carga parasitária dos animais. Tipu *et al.* (2006) mostraram que as plantas e ervas medicinais são utilizadas há muitos anos no tratamento de várias doenças em animais e seres humanos. Agarwal (2002) referiu que o extrato de folhas de nim tem sido utilizado terapeuticamente como medicamento popular para a lepra, perturbações respiratórias, obstipação e também como promotor de saúde geral.

Tollba e Mahmoud (2009) realizaram uma experiência para reduzir as populações de bactérias patogénicas intestinais de frangos de carne em condições normais ou de stress térmico, utilizando ervas medicinais (folhas de nim), probiótico (biogen) ou areia como cama. Os extractos de folhas de nim também têm actividades antifúngicas, antibacterianas (Tripathi *et al.* 2009), antiprotozoárias (Mordue e Nisbet 2000) e antivirais (Badam *et al.* 1999).

2.11 Propriedades antivirais e imunoestimuladoras do neem

Subapriya & Nagini (2005) também referiram que foi demonstrado que a folha de Neem e os seus constituintes apresentam propriedades antivirais. Sadekar *et al.* (1998) relataram que a alimentação de aves imunodeprimidas com folhas de Neem aumentou as suas respostas imunitárias humorais e mediadas por células. Um extrato aquoso (10%) de folhas tenras possui propriedades antivirais contra a varíola aviária, a IBD e o vírus da doença de New Castle (NDV) e aumentou significativamente a produção de anticorpos contra a IBD e o NDV.

2.12 Propriedade anticoccidiana do neem

Oluwafemi e David (2013) testaram a eficácia anticoccidiana da *Azadirachta indica* 10% contra a coccidiose de frangos de carne naturalmente infectados. Ele relatou que *a Azadirachta indica* é capaz de aumentar a imunidade das aves com infeção clínica ou subclínica por coccidia após exposição subsequente. Owai *e* Gloria (2010) mostraram que o extrato das folhas da planta Neem, *Meliaazadirachta*, é uma intervenção potencial contra a coccidiose em aves de criação. Tipu *et al.* (2006) referiram que o fruto de *Azadirachta indica* também tem atividade anticoccidiana para aves de capoeira.

2.13 Lacuna na investigação

A utilização do neem como produto da medicina natural para a saúde humana é muito comum, mas tendo em conta o componente bioativo, a sua utilização na dieta dos frangos de carne é uma boa ideia.

Tem sido efectuada investigação sobre a utilização de neem como componente da dieta dos frangos de carne, mas a investigação sobre a utilização de neem na água para consumo dos frangos de carne é escassa no Bangladesh. Como a folha de neem está disponível no Bangladesh, a utilização de neem como alternativa aos antibióticos na produção de frangos de carne pode ser rentável. Para obter produtos avícolas seguros, a indústria de alimentos para aves de capoeira necessita de informações adequadas sobre este aspeto para aumentar a produção comercial de frangos de carne no Bangladeche. Por conseguinte, o estudo proposto foi uma tentativa de obter mais informações sobre os efeitos deste medicamento no desempenho dos frangos de carne.

CAPÍTULO 3
MATERIAIS E MÉTODOS

3.1 Descrição da experiência

O ensaio de alimentação da experiência foi realizado na Bangladesh Agricultural University Poultry Farm, Mymensingh, para avaliar a eficácia dos extractos de folhas de nim no desempenho do crescimento, nos parâmetros bioquímicos do soro e no conteúdo microbiano fecal dos frangos de carne. Foi considerado um total de 300 frangos de carne comerciais Cobb 500 de um dia de idade. A duração do ensaio de campo foi de 32 dias (de 6 de março a 7 de abril de 2017). As análises hematológicas e bioquímicas do sangue foram efectuadas no Laboratório de Fisiologia, Departamento de Fisiologia e Laboratório Central do Professor Muhammad Hossain, BAU, Mymensingh.

3.2 Recolha e preparação de extractos de folhas de nim

As folhas de nim maduras e livres de doenças foram recolhidas no campus da BAU. Para a preparação das dietas, as folhas foram secas ao sol durante 10 dias e depois levadas ao forno a 55-60°C durante 2 dias. As folhas secas foram pulverizadas com um misturador. Utilizou-se uma peneira de 25 (unidade) de diâmetro de malha para obter o pó fino; o pó foi conservado num recipiente de plástico hermético até ser diretamente utilizado para a seleção e preparação do extrato aquoso. Dez (10) gramas de pó de folha de nim foram adicionados a 80 ml de água destilada e agitados durante a noite à temperatura ambiente, filtrados e adicionada água destilada até 100 ml para fazer 10% de extrato. (Mollah *et al.* 2012).

Fig 3.1 Folha de neem

Fig 3.2 Folha de neem moída

Fig.3.3 Extractos de folhas de Neem

3.3 Recolha de antibiótico

O nome comercial dos antibióticos utilizados na experiência era "Renamycin". Foi fabricado pela Reneta limited, Dhaka, Bangladesh. Cada grama de Renamycin em pó solúvel contém 200 mg de oxitetraciclina USP. De acordo com as instruções do fabricante, a taxa de inclusão do produto para frangos de carne comerciais era de 200 g/tonelada de ração.

3.4 Preparação da casa experimental

Para a experiência, foi utilizada uma casa de empena de lado aberto. A área da sala era de 500 pés quadrados. A sala foi dividida em 20 compartimentos de igual dimensão, utilizando uma rede de arame. A área de cada recinto era de 20 pés quadrados (10 pés x 2 pés). A sala foi dividida em três partes. A parte do meio foi utilizada como corredor. As duas partes restantes foram utilizadas para as aves experimentais. A sala experimental foi cuidadosamente escovada, esfregada e devidamente lavada com água. Depois disso, espalhou-se pó branqueador à razão de 1 kg/500 pés quadrados sobre o chão e manteve-se durante 24 horas sem qualquer outra atenção. O pó branqueador foi limpo com água da torneira forçada. Depois, a sala foi desinfectada com uma solução de TH4+ a 1% (0,1 litro de solução diluída por metro quadrado), fabricada pela Sogeval, França, comercializada pela Century Agro Ltd, Bangladesh. Os comedouros, bebedouros, baldes e todos os outros equipamentos necessários foram também devidamente lavados e desinfectados com uma solução de TH4+ a 0,5%.

3.5 Recolha das aves experimentais

Para esta experiência, foram utilizados 300 pintos de carne comerciais Cobb 500 de um dia de idade. Os pintos foram recolhidos na CP BANGLADESH Chicks and Hatchery, Valuka, Mymensingh.

3.6 Esquema da experiência

Os pintos de carne experimentais foram divididos e distribuídos de forma igual e aleatória em cinco grupos de dietas e cada grupo foi replicado em 4 subgrupos. Cada grupo alimentar é constituído por 60 pintos distribuídos por 4 compartimentos replicados com 15 pintos em cada replicação. Uma vez que o local da cela experimental pode afetar a experiência, distribuímos as panelas de forma uniforme e aleatória na casa experimental para eliminar a parcialidade da experiência. O esquema da experiência é apresentado no quadro 3.1.

Quadro 3.1 Esquema da experiência

Treatments	Birds per replication				Total
	R_1	R_2	R_3	R_4	
T_1= Control (Without antibiotic and neem leaf extracts)	15	15	15	15	60
T_2 = Antibiotic (without neem leaf extracts)	15	15	15	15	60
T_3 = 2% neem leaf extracts	15	15	15	15	60
T_4 = 4% neem leaf extracts	15	15	15	15	60
T_5 = 6% neem leaf extracts	15	15	15	15	60
Total =	75	75	75	75	300

3.7 Formulação da dieta dos frangos de carne

As dietas para frangos de carne foram formuladas para duas fases, nomeadamente a de arranque e a de crescimento. A dieta de arranque foi fornecida desde o dia de idade até aos 21 dias de idade e depois a dieta de crescimento foi fornecida até aos 32 dias. A composição dos ingredientes da dieta de arranque e de crescimento dos frangos de carne é apresentada nos quadros 3.2 e 3.3. Ambos os tipos de dietas foram fornecidos sob a forma de puré. As necessidades de nutrientes (EM, PC, CF, EE, Ca, P, Lisina e Metionina) foram satisfeitas de acordo com as necessidades recomendadas para a dieta da estirpe Cobb-500 para frangos de carne e também foram as mesmas para todos os grupos de tratamento. A composição nutricional da dieta inicial e da dieta de crescimento é apresentada no quadro 3.4. Depois de pesados de acordo com as necessidades, o milho e a farinha de soja foram moídos numa máquina de moagem (Janata Engineering, Shorojganj, Chuadanga) e devidamente misturados numa máquina misturadora (Janata Engineering, Shorojganj, Chuadanga). Em seguida, a quantidade necessária de ingredientes para microalimentos foi misturada com uma pequena quantidade (cerca de 1 kg) de alimento misturado. Por fim, esta quantidade foi misturada com a ração total utilizando uma máquina de mistura com 50 kg de capacidade. As dietas para cada tratamento foram preparadas separadamente e distribuídas por 5 tratamentos com a ajuda de recipientes de plástico para cada tratamento.

Quadro 3.2 Composição dos ingredientes da dieta inicial dos frangos de carne (0 a 21 dias)

Ingredient	T_1	T_2	T_3	T_4	T_5
Maize	54.99	54.97	54.99	54.99	54.99
Soya meal	31	31	31	31	31
Protein concentrate	7	7	7	7	7
Di calcium phosphate	1.35	1.35	1.35	1.35	1.35
Limestone	0.8	0.8	0.8	0.8	0.8
Soybean oil	4	4	4	4	4
Lysine	0.1	0.1	0.1	0.1	0.1
Methionine	0.12	0.12	0.12	0.12	0.12
Vitamin premix	0.25	0.25	0.25	0.25	0.25
Choline chloride	0.03	0.03	0.03	0.03	0.03
Common salt	0.36	0.36	0.36	0.36	0.36
Antibiotic	-	0.02	-	-	-
Total	100	100	100	100	100

Lisina: L-lisina HCl (98,5%); Metionina: DL metionina (99%)

Quadro 3.3 Composição dos ingredientes da dieta de frangos de carne em crescimento (22 a 32 dias)

Ingredient	T_1	T_2	T_3	T_4	T_5
Maize	60	59.98	60	60	60
Soya meal	25	25	25	25	25
Protein concentrate	8	8	8	8	8
Di calcium phosphate	1.60	1.60	1.60	1.60	1.60
Limestone	0.5	0.5	0.5	0.5	0.5
Soybean oil	4.10	4.10	4.10	4.10	4.10
Lysine	0.1	0.1	0.1	0.1	0.1
Methionine	0.20	0.20	0.20	0.20	0.20
Vitamin premix	0.25	0.25	0.25	0.25	0.25
Choline chloride	0.03	0.03	0.03	0.03	0.03
Common salt	0.22	0.22	0.22	0.22	0.22
Antibiotic	-	0.02	-	-	-
Total	100	100	100	100	100

Lisina: L-lisina HCl (98,5%); Metionina: DL metionina (99%)

Quadro 3.4 Composição nutricional da dieta de arranque e da dieta de crescimento

Nutrients	Starter diet (0-21 days)	Grower diet (22-32 days)
Analyzed		
DM %	89.68	87.09
CP%	23.66	21.02
CF%	3.81	2.88
EE%	5.71	4.81
Calculated		
ME kcal/kg	3050	3131
Lys %	1.24	1.08
Met %	0.50	0.57
Met+Cys %	1.00	0.85
Ca%	1.21	1.05
Available P %	0.45	0.46

3.8 Gestão das aves experimentais

Os seguintes procedimentos de gestão foram efectuados durante todo o período experimental e estas práticas de gestão foram idênticas para todos os grupos de tratamento.

3.8.1 Gestão da alimentação e da água

Nos primeiros 4 dias, as rações foram dadas em jornais e depois em pequenos tabuleiros. Em cada recinto foi colocado um comedouro redondo com capacidade para 3,5 kg de ração e um bebedouro redondo com capacidade para 4 litros de água. O comedouro e o bebedouro foram colocados de forma a que os frangos de carne pudessem comer e beber convenientemente. Os comedouros eram limpos todas as semanas e os bebedouros eram limpos duas vezes por dia. A dieta inicial foi fornecida durante os primeiros 21 dias e a dieta de crescimento foi fornecida aos frangos de carne até aos 32 dias de idade. Em todos os casos, foram oferecidos aos frangos alimentos adlibitum. A ração foi fornecida quatro vezes por dia, uma de manhã, outra ao meio-dia, outra à tarde e outra à noite, de modo a que o comedouro não ficasse vazio. Foi disponibilizada água fresca e limpa em todas as alturas.

3.8.2 Gestão do lixo

A casca de arroz fresca e seca foi utilizada como material de cama e espalhada no chão a uma profundidade de cerca de 3 cm. Após as primeiras duas semanas, a parte superior da cama com excrementos foi retirada e substituída por uma nova cama e, ao fim de três semanas, a cama velha foi totalmente substituída por uma nova. Após 14 dias, a cama foi remexida todos os dias alternativos para secar rapidamente e eliminar os gases nocivos.

3.8.3 Criação

A experiência foi realizada de 06 de março a 07 de abril de 2017. A temperatura ambiente era mais baixa do que a temperatura de incubação. Assim, foi fornecido calor adicional aos pintos. Os pintos foram criados nos respectivos compartimentos, utilizando uma lâmpada eléctrica de 100 watts em cada compartimento. Os pintos foram alimentados a uma temperatura de 35° C na primeira semana de idade, diminuindo gradualmente à razão de 2,5°C por semana até às 4 semanas de idade. A temperatura e a humidade da sala foram medidas por um termo-higrómetro automático. Foram utilizados sacos de artilharia em dois lados da casa e nos ventiladores para proteger do frio e do vento tempestuoso. Estes sacos foram retirados parcial ou totalmente, sobretudo na fase final do período de acabamento, quando a temperatura ambiente se revelou favorável.

3.8.4 Iluminação

As aves foram expostas a um período de iluminação contínua de 23 horas e 30 minutos e a um período de escuridão de 30 minutos em cada 24 horas. O período de escuridão foi previsto para que os frangos de carne se familiarizassem com a escuridão em caso de falha de eletricidade, se for caso disso.

3.8.5 Vacinação

O seguinte esquema de vacinação foi efectuado durante o período experimental.

Quadro 3.5 Calendário de vacinação

SL. No.	Age of vaccination (day)	Name of Vaccine	Trade Name	Doses	Methods of vaccination
1	4th	IB+ND	MA5+Clone30*	1 eye drop	Eye drops
2	10th	IBD	228E*	1 eye drop	Eye drops
3	21th	IBD	228E*	1 eye drop	Eye drops

IB; Bronquite Infecciosa; ND; Doença de Newcastle; IBD; Doença Infecciosa da Bursa *(Intervet International, B.V. BOXMEER- Países Baixos)

3.9 Bio-segurança

Um programa rigoroso de biossegurança foi mantido dentro e fora do galpão de pesquisa como parte mais eficaz do programa de prevenção de doenças. Na entrada, foi mantido um pedilúvio, em que foi utilizada uma solução de TH4+ como desinfetante. No galpão experimental, foram utilizados calçados e aventais separados para evitar contaminação. Foram feitas as vedações necessárias à volta do pavilhão experimental e foram tomados outros cuidados adicionais para que as aves pudessem ser mantidas ao abrigo de roedores e animais selvagens.

3.10 Transformação de frangos de carne

O processamento das aves também é efectuado na exploração avícola BAU. No final da experiência, foram retirados de cada recinto um macho e uma fêmea com um peso corporal próximo da média do recinto para registar os parâmetros de rendimento da carne e a sua qualidade. As aves foram mortas e deixadas a sangrar durante 2 minutos e imersas em água quente (51-55°C) durante 120 segundos para perderem as penas, procedimento a que se chamou semi-escaldagem, seguido da remoção das penas por pregagem manual. Em seguida, a cabeça, o pernil, as vísceras, a miudeza (coração, fígado e moela) e a gordura abdominal foram retirados para a determinação dos parâmetros de rendimento da carne. Os frangos de carne preparados foram cortados em diferentes partes, como o peito, a coxa, a perna e a asa. Finalmente, todas as partes cortadas foram pesadas e registadas separadamente para os frangos de carne machos e fêmeas de todas as réplicas.

3.11 Recolha de dados e manutenção de registos

Os seguintes registos e dados calculados foram mantidos durante todo o período experimental.

3.11.1 Peso corporal

O peso corporal inicial das aves foi registado no primeiro dia da experiência e o peso corporal semanal de todas as aves de cada repetição. O ganho médio de peso corporal dos frangos de carne em cada réplica foi calculado deduzindo o peso corporal inicial do peso corporal final.

3.11.2 Consumo de alimentos para animais

A quantidade de ração consumida pelas aves em cada réplica de cada grupo de tratamento foi calculada para cada semana, deduzindo a quantidade de ração restante da quantidade fornecida para a semana em causa.

3.11.3 Rácio de conversão alimentar (FCR)

O rácio de conversão alimentar foi calculado como a unidade de alimento consumido por unidade de ganho de peso corporal.

3.11.4 Temperatura e humidade

A temperatura e a humidade foram registadas quatro vezes por dia (6h, 14h, 18h e 23h) utilizando um termo-higrómetro automático durante todo o período experimental.

3.12 Colheita de sangue e separação do soro

Três ou quatro ml de amostra de sangue de cada réplica foram retirados da veia da asa com uma seringa descartável limpa e esterilizada com agulha e foram vertidos suavemente em tubos de ensaio esterilizados. Os tubos foram colocados numa posição inclinada (ângulos de 45°) à temperatura ambiente para coagulação. Após 2 horas, o soro sanguíneo separado foi transferido para um tubo eppendorf e centrifugado a 3000 rpm durante 10 minutos. O soro foi então transferido para outro tubo eppendorf e conservado a -20°C até à análise. Os tubos eppendorf foram devidamente marcados com um marcador permanente para facilitar a identificação durante a análise química.

3.13 Determinação do colesterol total no soro

O colesterol foi determinado por teste colorimétrico enzimático (método CHOD-PAP). O colesterol e os seus ésteres foram libertados das lipoproteínas por detergentes. A colesterol esterase hidrolisa os ésteres e forma-se H2O2 como oxidação enzimática subsequente do colesterol. A enzima colesterol esterase é utilizada para hidrolisar os ésteres de colesterol presentes no soro em colesterol livre e ácidos gordos livres. A enzima colesterol oxidase, na presença de oxigénio, oxida o colesterol em colest-3-ona e peróxido de hidrogénio. O peróxido de hidrogénio oxida o fenol e a 4-aminoantipirina para produzir a cor vermelha formada é proporcional à concentração de colesterol no plasma sanguíneo. Foi estimada das seguintes formas:

Foi utilizado um analisador químico para efetuar a análise. A leitura do colesterol foi efectuada espectrofotometricamente, seguindo os comprimentos de onda correspondentes. Em primeiro lugar, ajustou-se o comprimento de onda Hg 546 nm (500-510), a temperatura 37° C, o percurso da luz da cuvete de 1 cm e o fator de conversão. Em seguida, ajustou-se o instrumento a zero com água destilada e pipetou-se para tubos de ensaio limpos e secos, rotulados como Branco (B), Padrão (S) e amostra. A amostra foi bem misturada e incubada a 37° C durante 5 minutos. Durante 60 minutos, mediu-se a absorvância de leitura da amostra em relação ao branco (Trinder 1969).

Cálculo

Concentração de colesterol (mg/dl) = (amostra Abs/padrão Abs) x 200

3.14 Determinação da glucose plasmática

O nível de glucose no plasma foi estimado por teste colorimétrico enzimático (método CHOD-PAP). A glucose oxidase catalisa a oxidação da glucose em gluconato. O peróxido de hidrogénio formado (H2O2) foi detectado por um aceitador de oxigénio coromogénico, fenol, 4-aminofenazona, na presença de peróxido. A intensidade da cor formada foi proporcional à concentração de glucose no plasma. A glucose plasmática foi estimada das seguintes formas:

As leituras da glucose foram efectuadas espectrofotometricamente, seguindo os comprimentos de onda correspondentes, de acordo com métodos previamente publicados. Em primeiro lugar, ajustou-se o comprimento de onda 505 nm (500-510), a temperatura de 37° C e o fator de conversão. Em seguida, ajustou-se o instrumento a zero com água destilada e pipetou-se para tubos de ensaio limpos e secos rotulados como Branco (B), Padrão (S) e amostra. A amostra foi bem misturada e incubada a 37° C durante 10 minutos. Mediu-se a absorvância do padrão e da amostra de teste em relação ao branco e, após a incubação, a cor manteve-se estável entre 15-30 minutos.

3.15 Determinação de triglicerídeos

Princípio

Os triglicerídeos foram hidrolisados, na presença de lypoproteinlipase (LPL), em ácido gordo e glicerol, que foi transformado pela glicerolquinase (GK), ATP e glicerol-3-P-oxidase (GPO) em didroxiaceton-fosfato e H2O2. O H2O2 catalisado pela peroxidase (POD) reage com a 4-aminofenazona e o cloreto de 4-fenol, dando origem a um composto colorido cuja intensidade é proporcional à concentração de triglicéridos na amostra.

Composição dos reagentes utilizados

Reagente 1	Tampão PIPES	1^0 0,0 mmol/l
	4-clorofenol	6,0 mmol/l
	Lipase lipoproteica	3000 U/l
	Glicerol quinase	2000 U/l
	Peroxidase	25000 U/l
	ATP	2,8 mmol/l
Reagente 2	Tampão PIPES	100,0 mmol/l
	4-aminofenazona	6,0 mmol/l
	Glicerol-3-P-oxidase	20000 U/l

Procedimento

Os triglicéridos do soro sanguíneo foram determinados por espetrofotómetro (Spectronic, Genesis 5, EUA) de acordo com a técnica descrita por Trinder (1969). Quatro partes do reagente 1 foram adicionadas a uma parte do reagente 2 e utilizadas como mono reagente. O procedimento de repouso é semelhante ao do colesterol sérico total. O resultado foi expresso em mg/dl.

Cálculo

Triglicerídeos (mg/dl) = (Abs da amostra/Abs do STD) x Conc. STD

3.16 Determinação da contagem total viável do conteúdo fecal

Procedimento:

Inicialmente, cada placa contendo ágar de contagem de placas foi dividida em 4 partes e as amostras foram diluídas em série 10 vezes. De cada diluição, uma gota de 10µl foi vertida em cada parte por 3 vezes e incubada a 37°C para o desenvolvimento de colónias. Após a incubação, foram contadas as placas que apresentavam 30-300 colónias. O número médio de colónias numa determinada diluição foi multiplicado pela diluição para obter a contagem total viável. A contagem total viável foi calculada de acordo com a norma ISO. Os resultados da contagem bacteriana total foram expressos como o número de unidades formadoras de colónias (UFC) por grama de amostras de alimentos.

3.17 Custo de produção e cálculo do lucro

O custo de produção de frangos de carne para cada grupo de tratamento foi calculado com base no preço de mercado dos ingredientes da ração e no custo dos pintos na altura do ensaio. Para analisar o custo exato da produção de frangos de carne, foram também considerados outros pontos, como a eletricidade, os materiais de cama, a vacinação e a medicação, a mão de obra e até o custo de depreciação da estrutura. O lucro foi calculado por frango e por kg de frango, excluindo o custo total de produção do preço total das aves.

3.18 Análise estatística

Os dados relativos ao peso corporal, ganho de peso corporal, consumo de ração, rácio de conversão alimentar (FCR), composição proximal da carne, rendimento da carne e desenvolvimento dos órgãos internos e dos ossos dos frangos de carne foram submetidos a uma análise de variância (ANOVA) num desenho completamente aleatório (CRD) utilizando o programa estatístico SAS.

Brooding of birds

Feeding and watering of birds

Vaccination of birds

Weighing of birds

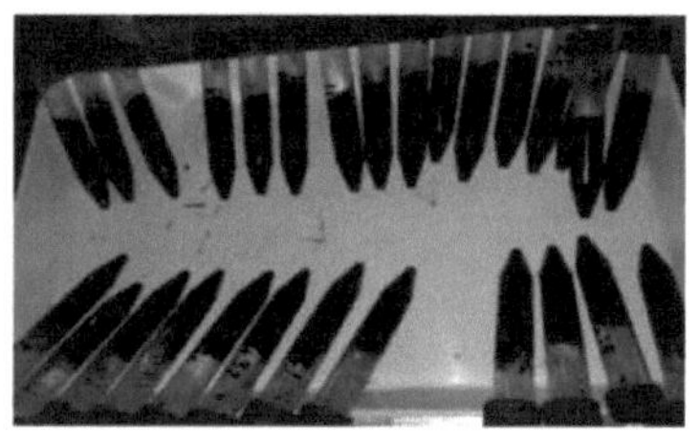

Collection of blood

Weighing of dressing parameters

Fig.3.4 Práticas de gestão da experiência

CAPÍTULO 4
RESULTADOS

4.1 Peso corporal e aumento de peso corporal

O peso corporal e o ganho de peso corporal de frangos de corte em diferentes grupos de dietas com a dieta basal são apresentados na tabela 4.1. Os dados analisados na tabela indicam que não houve diferença significativa (P>0,05) no peso inicial, 2nd semana; 3rd semana; 4th semana de peso corporal entre os grupos de dieta. Apenas o peso corporal de 1st semana e 32nd dias apresentou diferença significativa (P<0,05) entre os grupos de dieta.

O peso corporal mais elevado foi registado no grupo dos antibióticos (1752,97), seguido de 2%NLE (1743,12), 4%NLE (1693,56), 6%NLE (1687,93) e grupo de controlo (1681,50).

Quadro 4.1 Peso corporal dos frangos de carne nos diferentes tratamentos (g/ave)

Parameters	Treatments					
	Control	Antibiotic	2% NLE	4% NLE	6% NLE	PSE
Initial wt.	41.78	41.72	41.56	41.67	41.56	0.289
1st week	232.62^{ab}	237.47^{a}	253.15^{ab}	229.84^{b}	231.09^{ab}	4.45
2nd week	552.78	557.35	569.94	548.62	552.68	13.01
3rd week	1024	1036.97	1052.54	1028.22	1025.75	28.81
4th week	1448.5	1494.63	1475.94	1426.25	1437.91	44.36
32^{nd}day	1681.50^{b}	1752.97^{a}	1743.12^{a}	1693.56^{b}	1687.93^{b}	12.04

a, b valores com diferentes sobrescritos na mesma linha diferem significativamente (P<0,05).

Quadro 4.2 Ganho de peso corporal dos frangos de carne em diferentes tratamentos (g/ave)

Parameters	Treatments					
	Control	Antibiotic	2% NLE	4% NLE	6% NLE	PSE
1st week	190.84^{ab}	195.75^{a}	193.59^{ab}	188.17^{b}	189.17^{ab}	4.35
2nd week	320.15	319.87	334.74	318.78	321.59	9.96
3rd week	471.22	479.63	482.82	479.59	472.94	24.57
4th week	424.50^{ab}	457.66^{a}	423.19^{ab}	398.03^{b}	412.28^{b}	27.48
32nd day	233	258.35	267.19	267.31	250.03	41.4
Total	1639.72^{b}	1711.25^{a}	1701.57^{a}	1651.89^{b}	1646.37^{b}	11.95

a, b valores com diferentes sobrescritos na mesma linha diferem significativamente (P<0,05).

Houve uma variação significativa (P<0,05) no ganho de peso corporal de 1st semana, 4th semana e total entre os grupos. No entanto, não houve efeito significativo (P>0,05) no ganho de peso corporal de 2nd semanas, 3rd semanas e 32nd dias. Considerando o ganho de peso corporal total, o grupo do antibiótico (1711,25) e o grupo do NLE a 2% (1701,57) mostraram-se mais elevados do que o grupo de controlo (1639,72) e os outros grupos de suplementos.

4.2 Consumo de alimentos

Os dados revelados na tabela 4.3 mostram que não houve efeito significativo (P>0,05) no consumo de ração na 1st semana, 2nd semana e 3rd semana em relação aos outros grupos de dietas. Mas o consumo de ração na 4ath semana, no 32ond dia e no total mostrou uma variação significativa (P<0,05) entre os grupos de dieta. O grupo de controlo (2771,69) e o grupo dos antibióticos (2771,62) apresentaram um consumo total de ração numericamente mais elevado do que os outros grupos.

Quadro 4.3 Consumo de ração dos frangos de carne em diferentes tratamentos (g)

Parameters	Treatments					
	Control	Antibiotic	2% NLE	4% NLE	6% NLE	PSE
1st week	186.94	187.72	186.22	186.26	186.39	1.59
2nd week	398.62	398.51	398.62	398.626	398.625	0.54
3rd week	661.13	661.08	661.12	661.125	661.125	0.54
4th week	850.0^{a}	843.8^{b}	831.3^{e}	834.4^{d}	837.5^{c}	5.67
32ndday	675^{b}	680.6^{a}	668.8^{d}	662.5^{e}	671.9^{c}	3.17
Total	2771.69^{a}	2771.62^{a}	2745.97^{c}	2742.89^{c}	2755.51^{b}	12.18

a, b, c, d, e valores com diferentes sobrescritos na mesma linha diferem significativamente (P<0,05).

4.3 Rácio de conversão alimentar (FCR)

Os resultados do quadro 4.4 indicam que houve diferenças significativas (P<0,05) em 4th semana e no rácio de conversão alimentar total (FCR) entre os diferentes grupos de dietas. O grupo 2%NLE e o grupo antibiótico mostraram ser numericamente melhores no rácio de conversão alimentar total (FCR) entre os diferentes grupos de dietas. O quadro também mostra que não houve variação significativa (P>0,05) do rácio de conversão alimentar (FCR) em 1st semana, 2nd semana, 3rd semana, 32nd dia entre os diferentes grupos de tratamento.

Quadro 4.4 Rácio de conversão alimentar dos frangos de carne em diferentes tratamentos

Parameters	Treatments					
	Control	Antibiotic	2% NLE	4% NLE	6% NLE	PSE
1st week	0.98	0.96	0.96	0.99	0.98	0.026
2nd week	1.25	1.25	1.19	1.24	1.24	0.038
3rd week	1.41	1.38	1.37	1.38	1.4	0.073
4th week	2.02^{ab}	1.85^{b}	1.97^{ab}	2.11^{a}	2.03^{ab}	0.13
32^{nd}day	2.97	2.64	2.55	2.51	2.77	0.41
Total	1.69^{a}	1.62^{c}	1.61^{c}	1.66^{b}	1.67^{ab}	0.012

a,b,c valores com diferentes sobrescritos na mesma linha diferem significativamente (P<0,05).

4.4 Rendimento da carne e desenvolvimento ósseo

A Tabela 4.5 indica que não houve diferença significativa (P>0,05) no rendimento da carne (carne do peito, carne da coxa, carne da coxa e carne da asa) e no desenvolvimento ósseo (osso da coxa, osso da coxa) entre os diferentes grupos de tratamento.

Quadro 4.5 Rendimento da carne e desenvolvimento ósseo dos frangos de carne em diferentes tratamentos

Parameters	Treatments					PSE
	Control	Antibiotic	2% NLE	4% NLE	6% NLE	
Meat yield (% in relation to body weight)						
Breast meat	13.86	13.92	14.22	13.28	13.72	1.53
Thigh meat	8.06	8.18	7.73	8.87	8.26	0.91
Drumstick meat	5.35	5.83	5.39	5.6	5.82	0.49
Wing	2.7	2.52	3.17	2.63	2.6	0.7
Bone development (% in relation to body weight)						
Thigh bone	1.44	1.66	1.40	1.73	1.33	0.37
Drumstick bone	2.45	2.20	2.03	2.59	2.38	0.38

4.5 Diferentes parâmetros de preparação dos frangos de carne

O resultado da tabela 4.6 indica que houve diferenças significativas (P<0,05) no peso da gordura abdominal entre os diferentes grupos de dieta. Não se registaram diferenças significativas (P>0,05) no peso da cabeça, no peso do fígado, no peso do pescoço, no peso da perna, no peso do coração e no peso da moela entre os diferentes grupos de alimentação.

Quadro 4.6 Desenvolvimento das partes cobertas dos frangos de carne em diferentes tratamentos (% em relação ao peso corporal)

Parameters	Treatments					
	Control	Antibiotic	2%NLE	4%NLE	6%NLE	PSE
Head	2.18	2.27	2.38	2.19	2.16	0.19
Neck	1.98	2.04	2.35	2.48	2.03	0.45
Leg	3.33	3.61	3.58	3.5	3.46	0.33
Liver	2.56	2.6	2.58	2.6	2.49	0.309
Heart	0.38	0.45	0.44	0.38	0.38	0.062
Abdominal fat	2.07^{a}	1.26^{b}	1.7^{ab}	1.98^{a}	1.48^{ab}	0.38
Gizzard	1.92	1.91	1.93	1.77	1.55	0.31

a, b valores com diferentes sobrescritos na mesma linha diferem significativamente

(P<0,05).

4.6 Perfil lipídico sérico

Os dados representados na tabela 4.7 indicam que não houve diferença significativa (P>0,05) na glicose, colesterol e triglicéridos entre os diferentes grupos de tratamento.

Quadro 4.7 Parâmetro dos lípidos séricos dos frangos de carne em diferentes tratamentos (mg/dl)

Parameters	Treatments					PSE
	Control	Antibiotic	2%NLE	4%NLE	6%NLE	
Glucose	208.73	226.2	199.4	206.63	203.61	18.24
Cholesterol	191.91	185.66	191.91	190.44	192.64	6.83
TG	161.58	153.35	165.24	159.45	152.43	13.02

4.7 Contagem total de organismos viáveis (TVC) do conteúdo fecal

Os resultados da tabela 4.8 indicam que houve diferenças significativas (P<0,05) na contagem total de micróbios fecais viáveis entre os diferentes grupos de tratamento. Os grupos com 2% de NLE apresentaram um número máximo de contagem total de microrganismos fecais viáveis em comparação com outros grupos de suplementos e de controlo.

Quadro 4.8 Contagem total de micróbios fecais viáveis em diferentes tratamentos (UFC/g)

	Treatments					
Parameter	Control	Antibiotic	2%NLE	4%NLE	6%NLE	PSE
TVC	1.48E+08[bc]	1.78E+08[bc]	1.6E+09[a]	3.5E+08[b]	1.03E+08[c]	1.5E+08

a,b,c valores com diferentes sobrescritos na mesma linha diferem significativamente (P<0,05).

4.8 Rácio custo-benefício dos frangos de carne em diferentes tratamentos

O custo de produção do presente trabalho de investigação é apresentado no quadro 4.9. O custo total de produção por kg de ração no grupo dos antibióticos é mais elevado do que em todos os outros grupos. O custo de produção por kg de frangos de carne foi ligeiramente mais elevado no grupo dos antibióticos do que em todos os outros grupos. Além disso, quando os frangos vivos foram vendidos a Tk.130 por kg, o rendimento por kg de ave viva foi mais elevado em todos os grupos suplementares do que no grupo de controlo. O lucro por kg de ave viva foi maior no grupo 2%NLE (15,51Tk.) e no grupo antibiótico (14,94 Tk.) em comparação com os outros grupos suplementares.

Quadro 4.9 Rácio custo-benefício dos frangos de carne em diferentes tratamentos

Sl. No	Parameters	Treatments				
		Control	Antibiotic	2% NLE	4% NLE	6% NLE
1	Feed intake (g/broiler)	2771.69	2771.63	2745.97	2742.89	2755.52
2	Final body weight (g/broiler)	1681.5	1752.97	1743.12	1693.56	1687.93
3	Feed price (Tk/kg)	45	45	45	45	45
4	Antibiotic cost	-	0.35	-	-	-
5	Neem cost	-	-	0	0	0
6	Total feed cost (with or without additives) /kg	45	45.35	45	45	45
7	Feed cost/bird	124.72	125.69	123.56	123.43	123.99
8	Chick cost Tk/bird	46	46	46	46	46
9	Miscellaneous (vaccines, disinfectants, transport, bedding materials, labour etc.)	30	30	30	30	30
10	Total cost of production /live bird	200.72	201.69	199.56	199.43	199.99
11	Total cost of production Tk./kg live bird	119.37	115.05	114.48	117.75	118.48
12	Total income/bird(sales price Tk.130/per kg live bird)	218.59	227.88	226.60	220.16	219.43
13	Profit Tk./live bird	17.86	26.19	27.03	20.73	19.43
14	Profit Tk./kg live bird	10.62	14.94	15.51	12.24	11.51
15	Cost benefit ratio	0.918	0.88	0.88	0.90	0.91
16	Total income/bird(sales priceTk.135/per kg live bird)	218.59	227.88	235.32	228.63	227.87
17	Profit Tk./kg live bird	10.62	14.94	23.95	20.78	20.067

No caso da relação custo-eficácia da produção, esperamos um preço mais elevado dos grupos suplementados, uma vez que são mais seguros do que os grupos com antibióticos e de controlo. Se considerarmos o preço dos frangos vivos para o grupo com suplemento a 135 Tk/kg, obteremos um lucro mais elevado com os grupos 2%NLE (23,95), 4%NLE (20,78) e 6%NLE (20,0) do que com o grupo de controlo (10,62) e o grupo com antibiótico (14,94).

CAPÍTULO 5
DISCUSSÃO

5.1 Peso corporal e aumento de peso corporal

Os presentes resultados demonstraram que a adição de extractos de folhas de nim na água a diferentes níveis influenciou positivamente o peso corporal e o ganho de peso corporal dos frangos de carne em comparação com o grupo de controlo.
Estes resultados estão de acordo com as descobertas de Sarker *et al.* (2014) que relataram que os frangos de corte suplementados com 1% de NLE ganharam o peso vivo significativamente maior ($p<0,001$) em comparação com o grupo de controlo não tratado. Esses resultados podem ser devidos às propriedades antimicrobianas e antiprotozoárias (Kale *et al.* 2003, Bishnu *et al.* 2009) das folhas de Neem, que ajudam a reduzir a carga microbiana das aves. Khatun *et al.* (2013) referiram que a suplementação de 1-3 ml de extrato de folhas de tulsi e de neem/kg de ração para aves de capoeira dos grupos de tratamento provocou um aumento significativo do peso corporal vivo e uma melhoria do ganho semanal de peso e da eficiência alimentar em comparação com o grupo de controlo de aves de capoeira. Os resultados do presente estudo também estão de acordo com o estudo de Chakeravarty & Prasad (1991), que referiu que os frangos de carne alimentados com uma dieta que continha folhas de nim (*Azadirachta indica*) tinham um maior ganho de peso corporal.

Os resultados do presente estudo também contrastam com as conclusões de Kumar & D'Mello (1995), que relataram um ganho de peso corporal deprimido a níveis superiores a 0,5% de inclusão de NLM, o que também pode ser atribuído ao baixo consumo de ração a este nível, devido ao sabor amargo e adstringente da NLM. Além disso, o elevado teor de fibras ou de volume da farinha de milho, que resulta num consumo insuficiente de nutrientes digeríveis, nomeadamente de proteínas e de energia, necessários para manter o crescimento, pode explicar a diminuição do peso corporal observada acima do nível de 0,5% de inclusão de farinha de milho.

A melhoria do desempenho observada nos frangos de carne ao fornecer diferentes níveis de NLE na água de beber dos frangos de carne deve-se às suas propriedades antibacterianas (Prasannabalaji *et al.* 2012) e às respostas imunitárias humorais e mediadas por células (Sadekar *et al.* 1998). As folhas de neem e de tulsi contêm uma vasta gama de ingredientes quimicamente diversos e biologicamente activos (Devakumar e Suktt 1993). Uma dose baixa de extrato de folhas de nim tem uma ação inibidora sobre um vasto espetro de microrganismos (Talwar *et al.* 1997) e acções imuonomoduladoras que induzem uma reação imunitária celular (Devakumar e Suktt 1993). Langhout (2000) demonstrou que a planta à base de plantas Sumac (Rhus coriaria) pode estimular o sistema digestivo das aves, melhorar a função hepática e aumentar as enzimas digestivas pancreáticas, melhorando assim o metabolismo.

5.2 Consumo de alimentos

Os presentes resultados demonstraram que a ingestão de alimentos das aves que continham um grupo com diferentes níveis de NLE era inferior à dos grupos de controlo e de antibióticos.
Os resultados do presente estudo estão em consonância com as conclusões de Kumar & D'Mello (1995), que referem que a maioria dos polifenólicos solúveis tem um sabor amargo e adstringente. A diminuição do ganho de peso corporal a níveis superiores a 0,5% de inclusão de NLM pode também ser atribuída ao baixo consumo de ração a este nível, devido ao sabor amargo e adstringente da NLM. Além disso, o elevado teor de fibras ou de volume da farinha de milho, que resulta num consumo insuficiente de nutrientes digeríveis, nomeadamente de proteínas e de energia, necessários para sustentar o crescimento, pode explicar os pesos corporais deprimidos observados acima do nível de 0,5% de inclusão de farinha de milho. Ideias semelhantes foram expressas anteriormente por Iheukwumere *et al.* (2008). Atribuíram este facto aos factores nutricionais das formigas inerentes às plantas (Nwokolo 1987, Onwudike & Oke 1986).

Os presentes resultados estão também de acordo com as conclusões de Upadhyay *et al.* (1992) que registaram um aumento não significativo do consumo de ração nos grupos alimentados com neem. Gowda *et al.* (1998), relataram um consumo de ração significativamente menor ($P<0,01$) para dietas com NKM a 150 e 200g/kg de dieta em chifres de Perna Branca. Estes resultados são diferentes das conclusões de Kale *et al.* (2003) que referiram que, devido às propriedades antimicrobianas e antiprotozoárias das folhas de nim, estas ajudam a reduzir a carga microbiana das aves e melhoram o consumo de ração e a eficiência alimentar das aves. As aves que receberam água potável suplementada com um promotor de crescimento à base de plantas, como a nim, utilizaram os alimentos de forma mais eficiente do que as aves que receberam água potável sem adição de promotores de crescimento.

5.3 Rácio de conversão alimentar

Os resultados demonstraram que os grupos que continham 2% de NLE, 4% de NLE e 6% de NLE apresentaram uma melhor FCR em comparação com o controlo. A FCR do grupo com 2% de NLE e do grupo com antibiótico foi comparativamente melhor do que a de todos os outros grupos.

Os presentes resultados estão de acordo com os achados de Nath *et al.* (2012), Mollah *et al.* (2012) que relataram um aumento na eficiência alimentar em grupos alimentados com neem e tulsi, e uma melhor taxa de conversão alimentar dos frangos de corte usando rações suplementadas com extrato de folhas de neem e tulsi pode ser atribuída às propriedades antibacterianas desses suplementos, o que resultou em uma melhor absorção dos nutrientes presentes no intestino e finamente levando à melhoria na taxa de conversão alimentar das rações. Estas descobertas são compatíveis com as observadas por Nidaullah *et al.* (2010), Portugaliza e Fernandez (2012), Sarwar (2013) que relataram um melhor desempenho de crescimento de frangos de corte com água potável suplementada com extractos de folhas de *Azadirachta indica, Moringa oleifera* e *Cichorium intybus*, respetivamente.

Os presentes resultados estão de acordo com Sarag *et al.* (2001) que obtiveram um maior ganho de peso corporal e uma melhor taxa de conversão alimentar em comparação com o controlo quando ofereceram extrato de folhas de nim a frangos de carne de 1 a 5 semanas de idade. Os presentes resultados também estão de acordo com as conclusões de Nemade & Kukde (1993), que referiram um aumento da eficiência alimentar em grupos alimentados com neem, o que está de acordo com as conclusões do presente estudo. Estes resultados também contrastam com os observados por Wankar *et al.* (2009), que não registaram melhorias significativas no desempenho do crescimento de frangos de carne alimentados com ração suplementada com pó de folhas de *Azadirachta indica.*

5.4 Rendimento da carne, desenvolvimento ósseo e diferentes partes da preparação dos frangos de carne

Os resultados do presente estudo demonstraram que não houve diferenças significativas (P>0,05) na carne do peito, carne da coxa e carne da baqueta, peso da asa, peso e comprimento do osso da coxa e do osso da baqueta, entre os diferentes grupos de tratamento. Além disso, não foram encontradas diferenças significativas (P>0,05) no peso da cabeça, pernil, fígado, baço, rim, coração, moela e cecos em relação ao peso corporal nos diferentes tratamentos. Apenas o peso da gordura abdominal apresentou diferenças significativas (P<0,05) entre os diferentes grupos de tratamento. Os resultados do presente estudo estão em consonância com os achados de Nahid *et .al* (2014) que realizaram um estudo com extrato de folha de nim para a produção de frangos de corte e relataram que não houve diferença (P <0,05) entre as porcentagens de curativos das aves de diferentes grupos de alimentação usando ração com ou sem suplementação de extrato de folha de nim. Elangovan *et al.* (2001) relataram que os grupos tratados com nim não apresentaram alterações nas caraterísticas da carcaça.

Os resultados do presente estudo são ligeiramente diferentes das conclusões de Laboni & Chowdhury (2007) que estudaram os efeitos da alimentação com farinha de folhas de nim *(Azadirachta indica)* (NLM) no desempenho, sobrevivência e caraterísticas de rendimento de carne de frangos de carne. Verificou-se um aumento linear significativo (P<0,05) no peso da glândula timo, enquanto o peso da bursa e todas as caraterísticas de rendimento de carne comestível não foram afectadas. Os autores sugeriram que o NLM pode ser considerado como um aditivo alimentar para frangos de carne nos níveis de 5 a 20 gm/kg, embora as respostas mais favoráveis possam ser obtidas com 5 gm/kg de dieta.

5.5 Perfil lipídico sérico

Os resultados do presente estudo demonstraram que não houve diferenças significativas (P>0,05) na glicose, colesterol e triglicéridos entre os diferentes grupos de tratamento.

Estes resultados contrastam com os de Obikaonu e okoli (2012), que referem que a farinha de folhas de Neem tende a elevar o nível de glucose no sangue das aves, ao mesmo tempo que reduz o nível de colesterol. Upadlyay *et.al* (1990) também relataram um declínio nos níveis de colesterol no sangue de frangos de corte e ratos alimentados com farinha de folhas de Neem. Lonkar e Jalaludeen (2009) relataram que o efeito da inclusão na dieta de bolo de sementes de Neem (NSC) é benéfico para a redução substancial do teor de colesterol da carne de aves de capoeira. Dey (2007) efectuou uma experiência com farinha de folhas de nim em galinhas poedeiras e referiu que a redução do nível de colesterol no sangue e na gema de ovo das galinhas poedeiras.

5.6 Determinação da contagem total de espécies viáveis (TVC) do conteúdo fecal

Os resultados do presente estudo indicaram que existiam diferenças significativas ($P<0,05$) no total de microrganismos viáveis do conteúdo fecal dos frangos de carne entre os diferentes grupos de tratamento. O grupo 2%NLE apresentou o maior número de microrganismos entre os diferentes grupos de tratamento. Depois de aumentar o nível de suplementação com NLE de 2% para 4% e 6%, o número de microrganismos viáveis diminuiu linearmente, respetivamente. Esta diminuição pode dever-se ao maior efeito antimicrobiano de doses mais elevadas de NLE.

Os resultados do presente estudo foram na linha de Koona e Budida (2011) que relataram que os extractos das folhas de nim possuíam uma boa atividade antibacteriana, confirmando o grande potencial dos compostos bioactivos e são úteis para racionalizar a utilização desta planta nos cuidados de saúde primários. Os antibióticos podem controlar e limitar o crescimento e a colonização de uma variedade de espécies de bactérias patogénicas e não patogénicas no intestino dos frangos (Ferket 2004).Yakhkeshi *et al.* (2011) concluíram que o extrato da planta e os probióticos reduziram as bactérias patogénicas no trato digestivo dos frangos de carne, o que pode ajudar a melhorar a saúde intestinal destes animais.

5.7 Relação custo-eficácia da produção

O lucro é o principal objetivo de qualquer empresa e pode ser manipulado quer reduzindo os factores de produção quer aumentando a produção para um nível ótimo. Se as ervas e especiarias utilizadas não forem rentáveis mas eficazes para a produção de carne saudável, então os produtores não utilizam ervas na alimentação das suas aves de capoeira. O presente estudo indicou que, quando os frangos de carne foram vendidos ao preço de mercado (130 Tk/kg), todos os grupos tratados foram rentáveis em comparação com o grupo de controlo, ao passo que o grupo alimentado com 2% de NLE teve um valor mais elevado (15,51) entre os grupos suplementados. Estes resultados são apoiados pelo resultado de Mostofa *et.al* (2013) que relatou que a suplementação de extrato de folhas de neem e tulsi nas rações de frangos de carne pode ser útil para a produção segura, económica e eficiente de frangos de carne e esta formulação pode ser utilizada como uma alternativa aos promotores de crescimento comerciais.

Além disso, como sabemos que os grupos suplementados são mais seguros e benéficos para a saúde do consumidor do que o grupo com antibiótico e o grupo de controlo, as pessoas não se incomodam em pagar um preço extra por este alimento seguro. Se considerarmos o preço dos frangos vivos para o grupo com suplemento a

135 Tk/kg, obteremos um lucro mais elevado com os grupos 2%NLE (23,95), 4%NLE (20,78) e 6%NLE (20,0) do que com o grupo de controlo (10,62) e o grupo com antibiótico (14,94).

CAPÍTULO 6

RESUMO E CONCLUSÃO

Foi realizada uma experiência com pintos de carne Cobb 500 de 300 dias de idade, em linha reta, durante um período de 32nd dias de idade, na Bangladesh Agricultural University (BAU) Poultry Farm, Mymensingh, para avaliar o efeito benéfico dos extractos de folhas de nim no desempenho de crescimento dos frangos de carne. Os pintos de carne foram divididos em cinco grupos de 60 aves cada, replicados em quatro subgrupos de 15 aves cada. O primeiro grupo de pintos foi considerado como controlo (sem aditivos), o segundo grupo de pintos recebeu um antibiótico promotor de crescimento (Renamicina), o terceiro grupo de pintos recebeu água potável com 2% de NLE, o quarto grupo de pintos recebeu água potável com 4% de NLE e o restante grupo de pintos recebeu água potável com 6% de NLE. Foram registados e analisados estatisticamente o peso vivo, o consumo de ração, o rácio de conversão alimentar, a vivacidade, o desenvolvimento dos órgãos internos e dos ossos, o rendimento da carne, os lípidos séricos e os parâmetros bioquímicos sanguíneos dos frangos de carne nos diferentes tratamentos. Não houve diferença significativa ($P>0,05$) no peso inicial, 2nd semana; 3rd semana; 4th semana de peso corporal entre os grupos de tratamento. Apenas o peso corporal de 1st semana e 32 dias apresentou diferença significativa ($P<0,05$) entre os grupos de dieta.

Numericamente, o peso corporal mais elevado foi o do grupo do antibiótico (1752,97), seguido do grupo de 2% NLE (1743,12), do grupo de 4% NLE (1693,56), do grupo de 6% NLE (1687,93) e do grupo de controlo (1681,50). Considerando o ganho de peso corporal total, o grupo do antibiótico (1711,25) e o grupo do NLE a 2% (1701,57) mostraram-se mais elevados do que o grupo de controlo (1639,72) e os outros grupos de suplementos. O consumo de ração em 4th semana, 32nd dia e total mostrou uma variação significativa ($P<0,05$) entre os grupos dietéticos, em que os grupos com diferentes níveis de suplemento de NLE mostraram um consumo de ração inferior ao do grupo de controlo e ao do grupo de antibióticos.

Verificaram-se diferenças significativas ($P<0,05$) em 4th semana e no rácio de conversão alimentar total (FCR) entre os diferentes grupos de dieta. Os grupos suplementados com diferentes níveis de NLE apresentaram uma melhor FCR em comparação com o controlo. A TCA do grupo com 2% de NLE (1,61) e do grupo com antibiótico (1,62) mostrou-se comparativamente melhor do que a dos outros grupos suplementados. Os tratamentos não tiveram efeito significativo ($P>0,05$) na carne do peito, carne da coxa, carne da coxa, asa, cabeça, perna, fígado, baço, rim, coração, moela, peso da ceaca em relação ao peso corporal. Apenas o peso da gordura abdominal apresentou diferença significativa ($P<0,05$) nos diferentes níveis de dieta. Os grupos suplementados com diferentes níveis de NLE apresentaram menor gordura abdominal em comparação com o grupo de controlo. Os resultados do presente estudo demonstraram que não houve diferenças significativas ($P>0,05$) na glicose, colesterol e triglicéridos entre os diferentes grupos de tratamento. A contagem total de bactérias viáveis (TVC) dos diferentes tratamentos mostrou diferenças significativas ($P<0,05$), tendo o grupo 2%NLE apresentado o valor mais elevado de TVC (1,6E+09) CFU/g em comparação com os outros grupos. O custo total de produção por kg de ave viva foi mais elevado nos grupos com antibióticos. Em termos de lucro total por frango vivo, o grupo alimentado com 2% de NLE apresentou um valor mais elevado (15,51) entre os grupos suplementados. Como a carne é livre de antibióticos e segura, a rentabilidade dos grupos suplementados aumentou quando o preço de venda foi considerado a partir de tk. 135 por kg de aves vivas. Em conjunto, os resultados indicaram que a suplementação de NLE teve um efeito positivo no desempenho do crescimento, na rentabilidade e na contagem total de micróbios viáveis nas fezes. Entre as doses testadas, o grupo com 2% de NLE apresentou melhores resultados. Por conseguinte, 2% de NLE pode ser utilizado para a produção de frangos de carne sem antibióticos. É necessária mais investigação neste contexto.

Referências

Agarwal DP 2002: Biological activities and medicinal properties of neem (*Azadirachta indica*). *Current Science* **82(11)** 1336-1345.

Akilandeswari SG, Kumarasundari SK, Valarmathi R 2003: Extractos de Neem (Azadirachta indica) como agente antimicrobiano contra bactérias *Proteus vulgaris* e fungos *Candida albicans*. *Hamdard Medicus* **46(1)** 21-22.

Ansari JZ, khan S 2008: Avaliação de diferentes plantas medicinais como promotores de crescimento para pintos de carne. *Sarhad Journal of Agriculture* **24** 323-329.

Badam L, Joshi SP, Bedekar SS 1999: Atividade antiviral in vitro do extrato de folhas de neem (*Azadirachta indica*) contra os vírus Coxsackie do grupo B. *Journal of Communicable Diseases* **31** 79-90.

Banerjee, Biswas K, Chattopadhyay I, Ranajit K. e Bandyopadhyay U 2002: Actividades biológicas e propriedades medicinais do neem (*Azadirachta indica*). *Current Science* **82** 11- 10.

Barton MD 2000: Antibiotic use in animal feed and its impact on human health. *Nutrition Research Reviews* 13 1-22.

Bhowmik S 2008: Composição química de alguns produtos de plantas medicinais. Tese de Mestrado em *Ciências Avícolas*, Universidade Agrícola do Bangladesh, Mymensingh, Bangladesh.

Bishnu J, Sunil L, Anuja S 2009: Propriedade antibacteriana de diferentes plantas medicinais: *Azadirachta indica, Cinnamomum zeylanicum, Xanthoxylum armatum* e *Origanum majorana*, universidade de kathmandu. *Jornal de Ciência, Engenharia e Tecnologia* **5** 143-150.

Biswas k, Chattopadhyay I, Banerjee RK, Bandyopadhyay U 2002: Actividades biológicas e propriedades medicinais do neem (*Azadirachta indica*). *Current Science* **82** 1336-1345.

Borris RP 1996: Investigação de produtos naturais, Perspetiva de uma grande empresa farmacêutica. *Journal of Ethnopharmacology* **51** 29-38.

Butterworth J H e Morgan ED 1968: Combined Florisil, Droplet Counter-Current, and High Performance Liquid Chromatographies for the Preparative Isolation and Purification of Azadirachtin from Neem (*Azadirachta Indica*) Seeds. *Journal of the Chemical Society, Chemical Communications* **1** 23-24.

Bywater RJ 2005: Identification and surveillance of antimicrobial resistance dissemination in animal production (Identificação e vigilância da disseminação da resistência antimicrobiana na produção animal). *Poultry Science* **84** 644-648.

Castanon JIR 2007: History of the use of antibiotic as growth promoters in European poultry feeds. *Poultry Science* ***86*** 2466-2471.

Cervantes H 2004: Why responsible antibiotic use enhances animal and human health. *Actas da Convenção da Federação Avícola do Centro-Oeste* 201-210.

Chakravarty A, Prasad J 1991: Estudo sobre o efeito do extrato de folhas de neem e do extrato de bolo de neem no desempenho de pintos de carne. *Indian Journal of Poultry Science* ***24*** 37-38.

Chowdhury SD, Datta BC, Rahman ABMS, AHMED SU 2004: Eficácia da farinha de folhas de nim (*Azadirachta indica*) utilizada isoladamente ou em combinação com um probiótico na dieta de pintos de carne. In: *Actas do 11$^{\alpha h}$ Animal Science Congress.* Associações Asiático-Australasianas de Sociedades de Produção Animal, Kuala Lumpur, Malásia.244-247.

CSPI (Centro para a Ciência no Interesse Público) 1999: Antibiotic resistance project, Consumer tips for using antibiotics, Connecticut Avenue, Washington, DC.

David SN 1969: Anti-pirético do óleo de neem e seus constituintes. *Mediscope* ***12*** 25-27.

Deore UB, Ingole RS 2005: Investigações clinicopatológicas em frangos de carne com diferentes níveis de suplementação de óleo de neem (*Azadirachta indica*) na ração. *Journal of Bombay Veterinary College* ***13(1/2)*** 110-111.

Devakumar C, Suktt DV 1993: Química, In: Randhawa NS &Parmar BS (eds), neem research and development 63-96.

Dey B 2007: Utilização da farinha de folhas de nim (NLM) como aditivo dietético hipocolesterolémico em galinhas poedeiras. Tese de Mestrado em Ciência Avícola, Universidade Agrícola do Bangladesh, Mymensingh, Bangladesh.

Durrani FR, Chand N, Jan M, Sultan A, Durrani S, Akhtar S 2008: Immunomodulatory and growth promoting effects of neem leaves infusion in broiler chicks. *Sarhad Journal of Agriculture* **24(4)** 655-659.

Elangovan AV, Verma SVS, Sastry VRB, Singh SD 2001: Effect of feeding neem (*Azadirachta indica*) kernel meal on growth, nutrient utilization and physiology of Japanese quails (Coturnix cotrnix japonica***). Asian-Australasian Journal of Animal Science*** **13(9)** 1272-1277.

FAO (Organização das Nações Unidas para a Alimentação e a Agricultura) 2004: Assessing Quality and Safety of Animal Feeds (Avaliação da qualidade e segurança dos alimentos para animais). Roma, 160.

Ferket PR 2004: Alternativas aos antibióticos na produção avícola. In: Lyons TP, Jacques KA(Eds.), Nutritional Biotechnology in the Feed and Food Industries. *E-publishing Incorporation* Nottingham, Reino Unido, 57-67.

Gibson GR, Roberfroid MB 1995: Dietary modulation of the human colonic micro biota, introducing the concept of prebiotics. *Journal of Nutrition* **125** 14011412.

Gold HS, Moellering RC 1996: Antimicrobial drug resistance. *New England Journal of Medicine* **335** 1445-1453.

Gowda SK, Verma SV, Elangovan AV, Singh SD 1998: Neem (*Azadirachta indica*) kernel meal in the diet of White Leghorn layers. ***British Poultry Science* 39(5)** 648-652.

Guo FC 2003: Mushroom and herb polysaccharides as alternative for antimicrobial growth promoters in poultry. Tese de doutoramento, Universidade de Wageningen, Países Baixos.

Helloindya.com/neem/chemical_composition.html

Hughes P e Heritages J 1993: Antibiotic Growth-Promoters in Food Animals. *Division of Microbiology, School of Biochemistry and Molecular Biology*, University of Leeds, Leeds, LS2 9JT, Reino Unido.

Iheukwumere FC, Ndubuisi EC, Mazi EA, Onyekwere MU 2008: Desempenho, utilização de nutrientes e caraterísticas dos órgãos de frangos de carne alimentados com farinha de folhas de mandioca *(Manihotesculenta crantz)*. *Jornal de* ***Nutrição do Paquistão*** **7** 13-16.

Jawad Z, Younus M, Rehman MU, Maqbool A, Munir R, Muhammad K, Korejo RA, Qazi IH 2013: Efeito das folhas de Neem (*Azadirachta indica*) na imunidade de frangos de carne comerciais contra a nova doença do castelo e a doença infecciosa da bursa. *Jornal Africano de Investigação Agrícola* **8** 4596-4603.

Kale BP, Kothekar MA, Tayade HP, Jaju JB, Mateenuddin M 2003: Effect of aqueous extract of *Azadirachta indica* leaves on hepatotoxicity induced by antitubercular drugs in rats. *Indian Journal of Pharmacology* **35** 177-180.

Khalid SA, Duddect H, Gonzalez M 1989: Isolamento e caraterização de um agente antimalárico da árvore de neem Azadirachta indica. *Journal of Nation Production* **52(5)** 922-926.

Khaligh, Ghorbanali S, Ahmad K2011: Evaluation of different medicinal plants blends in diets for broiler chickens (Avaliação de diferentes misturas de plantas medicinais em dietas para frangos de carne). *Journal of Medicinal Plants Research* **5(10)** 1971-1977.

Khatun S, Mostofa M, Alom F, Uddin J, Alam MN, Moitry NF 2013: Eficácia do extrato de folhas de tulsi e neem na produção de frangos de carne. *Jornal de Medicina Veterinária do Bangladesh* **11 (1)** 1- 5.

Koona S, Budida S 2011: Potencial Antibacteriano dos Extractos das Folhas de *Azadirachta indica* Linn. *Notulae Scientia Biologicae* **3(1)** 65-69.

Koul e Opender 1990: Properties and uses of neem (*Azadirachta indica*) *Canadian Journal of Botany* **68**.

Kraus W 1995: The Neem Tree: Source of Unique Natural Products for Integrated Pest Management Medicine Industry and Other Purposes (ed. Schmutterer, H.). 35-88.

Kumar R, D'Mello JPE 1995: Factores anti-nutricionais em leguminosas forrageiras. In: Tropical legumes in Animal Nutrition. D'Mello JPF, Devendra C, (Eds) *CAB International*, Welling ford, UK, 95-133.

Laboni S, Chowdhury SD 2007: Efficacy of neem (*Azadirachta indica)* leaf meal as a dietary additive in commercial broiler chickens. *Bangladesh Veterinarian* **24(2)** 120-129.

Landy N, Ghalamkari GH, Toghyani M 2011: Desempenho, caraterísticas da carcaça e imunidade em frangos de carne alimentados com dieta de Neem (*Azadirachta indica*) como alternativa a um promotor de crescimento antibiótico. *Livestock Science* **142** 305-309.

Langhout P 2000: New additives for broiler chickens" (Novos aditivos para frangos de carne). *World Poultry Science* **16** 2227.

Lonkar VD, Jalaludeen A 2009: Modulation of cholesterol level in broiler chicken by feeding garlic (*Allium sativum*) powder and neem (*Azadirachta indica*) seed cake. *Indian-Journal of Poultry Science* **44(1)** 49-53.

MAFF 1998: A review of antimicrobial resistance in the food chain. Um relatório técnico para o Ministério da Agricultura, Alimentação e Pescas do Reino Unido.

Mishra A, Mamta, Neema, Niketa, Poonam, Pranjul, Priyanka 2013: Efeitos antibacterianos do extrato bruto de *Azadirachta indica* contra *Escherichia coli* e *Staphylococcus aureus*. *Jornal Internacional de Ciência, Ambiente e Tecnologia* **2** 989-993.

Mitra CR, Garg HS, Pandey GN 1971: Effect of azadirachtin on hematological and biochemical parameters of Cirrhina mrigala infected with Aphanomyces invadans. Phytochemistry **10** 857-864.

Mitra RB, Szezypel A, Perez A, Gonzale, Estrada 2000: Eficiência do óleo de Neem em galinhas naturalmente infestadas com ectoparasitas. *Revista Cubana de Ciencia Avicola* **24(2)** 125-131.

Mollah MR, Rahman MM, Akter F, Mostofa M 2012: Efeitos do extrato de nishyinda, pimenta preta e Cinamon como promotor de crescimento em frangos de carne. *The Bangladesh Veterinarian* **29 (2)** 69-77.

Mordue AJ, Nisbet AJ 2000: Azadiractina da árvore de neem *Azadirachta indica:* sua ação contra insetos. *Anais da Sociedade Entomológica do Brasil* **29** 4.

Mostofa M, Khatun S, Alom F, Uddin J, Alam MN, Moitry NF 2013: Eficácia do extrato de folhas de tulsi e neem na produção de frangos de carne. *Jornal de Medicina Veterinária do Bangladesh* **11(1)** 1- 5.

Murthy SPe Sirsi M1958**:** Neem (*Azadirachta indica* A. Juss), a Potent Biopesticide and Medicinal *Plant. Indian Journal of Physiol Pharmacol* **2** 387396.

Nagalakshmi D, Sastry VRB, Agrawal DK, Katiyar RC, Verma SVS 1996: Performance of broiler chicks fed on alkali treated neem *(Azadirachta indica)* kernel cake as a protein supplement. *British Poultry Science* **37(4)** 809-818.

Nahid AM, Jashim U, Tahera DM, Moni IZ, Firoj A, Rahman A, Noman AM 2014*:* Produção de frangos de carne utilizando medicamentos à base de plantas (extrato de neem, nishyinda, tulsi e curcuma) *International Journal of Innovation and Applied Studies* **9** 1161-1175.

Nath DD, Rahman MM, Akter F, Mostofa M 2012: Efeitos do extrato de tulsi, pimenta preta e cravinho como promotor de crescimento em frangos de carne. *Jornal de Medicina Veterinária do Bangladesh* **10 (1 e 2)** 33-39.

Nayaka HBS, Umakantha B, Ruban SW, Murthy HNN, Narayanaswamy HD 2013: Desempenho e parâmetros hematológicos de frangos de corte alimentados com Neem, cúrcuma, vitamina e e suas combinações. *Emirates Journal of Food and Agriculture* **25** 483-488.

Nayaka HBS, Umakantha B, Ruban SW, Murthy HNN, Narayanaswamy HD 2012: Effect of Neem, Turmeric, Vitamin E and Their Combinations on Immune Response in Broilers [Efeito do Neem, da curcuma, da vitamina E e das suas combinações na resposta imunitária dos frangos de carne]. Global Veterinaria **9** 486-489.

Neem foundation 1993: www.neemfoundation.org/about-neem/chemistry-of neem

Produtos de Neem: www.neem-products.com/neem-history.html

Nemade PP, Kukde RJ 1993: "Effect of neem (*Azadirachta indica*)", *indian poultry review* **24(1)** 30-32.

Nidaullah H, Durrani FR, Gul S 2010: Extrato aquoso de diferentes plantas medicinais como anticoccidiano, promotor de crescimento e imunoestimulante em frangos de carne. *ARPN Journal of Agricultural and Biological Science* **5** 53-59.

Nwokolo E 1987: Farinha de folhas de mandioca (*Manihotesculenta crantz*) e erva daninha siam como fontes de nutrientes em dietas de aves de capoeira. *Nutrition Reports International* **36** 819-826.

Obikaonu HO, Okoli IC, Opara MN, Okoro VMO, Ogbuewu IP, Etuk EB, Udedibie ABI 2012: Índices hematológicos e bioquímicos séricos de frangos de carne de arranque alimentados com farinha de folhas de nim (*Azadirachta indica*). *Jornal de Tecnologia Agrícola* **8(1)** 71-79.

Okitoi LO, Ondwasy HO, Siamba DN, Nkurumah D 2007: Traditional herbal preparations for indigenous poultry health management in Western Kenya (Preparações tradicionais à base de plantas para a gestão da saúde das aves de capoeira na região ocidental do Quénia). *Livestock Research for Rural Development* **19(5)**.

Oluwafemi IA, David SO 2013: A suplementação da alimentação de frangos de corte com folhas de *Vernoniaamyg dalina* e *Azadirachta indica* protegeu as aves naturalmente infectadas com Eimeria sp. *Africa Journal* **11(33)** 8407-8413.

Onwudike OC, Oke OL 1986: Substituição total da proteína das folhas na ração de galinhas poedeiras. Poultry Science **40** 1650-1652.

Owai PU, Gloria M 2010: Efeitos dos componentes de Meliaazadirachta nas infecções por coccidia em frangos de carne em Calabar, Nigéria. *Jornal Internacional de Ciência Avícola* **9(10)** 931-934.

Patterson JA, Burkholder KM 2003: Application of prebiotics and probiotics in poultry production (Aplicação de prebióticos e probióticos na produção avícola). *Poultry Science* **82** 627-631.

Pillai NR e Santhakumari G 1981: Neem: Healer of All Ailments. *Indian Journal of Medical Ethics* **74** 931-933.

Pillai NR e Santhakumari G 1984: Actividades biológicas e propriedades medicinais do neem. *Planta Medicine* **50** 143-146.

Portugaliza HP, Fernandez TJ 2011: Desempenho de crescimento de frangos de corte Cobb com concentrações variáveis de extrato aquoso de folhas de malunggay. *Jornal Online de Recursos de Alimentação Animal* **2** 465-469.

Prasannabalaji N, Muralitharan G, Sivanandan RN, Kumaran S, Pugazhvendan SR 2012: Actividades antibacterianas de alguns extractos de plantas tradicionais indianas. *Asian Pacific Journal of Tropical Disease* **2** 291-295.15.

Rahimi S, Teymouri ZZ, Karimi TMA, Omidbaigi R, Rokni H 2011: Effect of the three herbal extracts on growth performance, immune system, blood factors and intestinal selected bacterial population in broiler chickens. *Journal Agricultural Science and Technology* **13** 527-539.

Rerksuppaphol S, Hardikar W, Midolo P, Ward P 2003: Antimicrobial resistance in *Helicobacter pylori* isolates from children. *Journal of Paediatrics and Child Health* **39** 332-335.

Roe MT, Pillai SD 2003: Monitoring and identifying antibiotic resistance mechanisms in bacteria (Monitorização e identificação dos mecanismos de resistência aos antibióticos nas bactérias). *Poultry Science* **82** 622-626.

Sadekar RD, Kolte AY, Barmase BS, Desai VF 1998: Efeitos imunopotenciadores do extrato de folhas secas de *Azadiracta indica* (Neem) em frangos de carne, naturalmente infectados com o vírus da IBD. *Indian Journal of Experimental Biology* **36(11)** 1151-1153.

Sadekar RD, Kolte AY, Barmase BS, Desai VF 1998: Efeitos imunopotenciadores do pó de folhas secas de *Azadirachta indica* (Neem) em frangos de carne, naturalmente infectados com o vírus da IBD. *Indian Journal of Experimental Biology* **36(11)** 1151-3.

Salyers AA, Amabile-Cuevas CF 1997: Porque é que os genes dos antibióticos são tão resistentes à eliminação? *Journal of Antimicrobial Chemotherapy_41* 2321-2325.

Sarag AN, Pawar SP, Rekhate DH, Deshmukh GB 2001: Efeito de diferentes níveis de óleo de neem (*Azadirahta indica*) no desempenho de frangos de carne. *PKV Research Journal Publication* **25(2)** 112-113.

Sarker SK, Mostofa M, Akter F, Rahman MM, Sultana MR 2014: Efeitos do extrato aquoso de folhas de Neem (*Azadirachta indica*) como promotor de crescimento e anti-colibacilose em frangos de carne. *Bangladesh Journal Animal Science* **43(2)** 138- 141.

Sarwar MS 2013: Efeito do extrato de folhas de chicória (*Cichorium intybus*) no crescimento, digestibilidade de nutrientes, hematologia e resposta imunitária de frangos de carne. Tese: M.Sc. (Hons.) Department of Poultry Science, University of Agriculture, Faisalabad.

Sharma VN e Saksena KP 1959: Antiandrogenic properties of neem seed oil. Ibid **47** 322

Siddig RM, Abdelati K 2001: Effect of dietary vitamin A and *Nigella sativa* on broiler chick's performance. In Proceeding: *10ª Conferência Internacional da Associação de Medicina Veterinária Tropical e Pecuária.* Comunidade e Ambiente, Copenhaga, Dinamarca.

Siddiqui S 1942: Efeitos das fracções voláteis e não voláteis de duas plantas medicinais na germinação de Macrophomina phaseolina. *Ciência Atual* **11** 278-279.

Subapriya R, Nagini S 2005: Medicinal properties of neem leaves. A review, *Current Medical Chemestry Anticancer Agents* **5(2)** 149-160.

Swann MM 1969: Utilização de antibióticos na criação de animais e na medicina veterinária. Relatório do Comité Misto do Reino Unido.

Talwar GPP, Raguvanshi RAS, Mukherjee, Shah S 1997: Plant immunomodulators for termination of unwanted pregnancy and contraception and reproductive health. *Immunology and Cell Biology* **75(2)** 190-192.

Tipu MA, Akhtar MS, Raj ML 2006: Nova dimensão das plantas medicinais como alimento para animais. *Pakistan veterinary Journal* **26(3)** 144-148.

Toghyani M, Mohammadrezaei M, Tabeidian SA, Ghalamkari G 2011: Effect of cocoa and thyme powder alone or incombination on humoral immunity and serum biochemical metabolites of broiler chicks. *Actas Internacionais de Engenharia Química, Biológica e Ambiental* **22** 114-118.

Tollba AA, Mahmoud RM 2009: How to control the broiler pathogenic intestinal Flora under normal or heat stress conditions, Egypt. *Poultry Science* **29(ii)** 565587.

Trinder P 1969: Determinação da glicose no sangue utilizando um sistema oxidase-peroxidase com um cromogénio não cancerígeno, Journal of Clinical Pathology **22(2)**15861.

Tripathi A, Chandasekaran N, Raichur AM, Mukherjee A 2009: Aplicações antibacterianas de nanopartículas de prata sintetizadas por extrato aquoso de folhas de *Azadirachtaindica* (Neem). *Journal of Biomedical Nanotechnology* **5** 9398.

Upadhyay PS, Vansdadia RN, Baxi AJ 1990: Estudos sobre Derivados de Sulfona: Preparation and Antimicrobial Activity of Thiosemicarbazides, Thiazolidones, Triazoles, Oxadiazoles and Thiadiazoles. *Indian Journal of Chemistry-Section* B **29** 793.

Upadhyay SN, Dhawan S, Garg S 1992: Conferência Mundial do Neem, Bangalore, Índia.

Van den Bogaard AE, Stobberingh EE 1999: Utilização de antibióticos em animais. *Drugs* **58** 589-607.

Van den Bogaard AE, Stobberingh EE 2000: Epidemiologia da resistência aos antibióticos. Ligações entre animais e seres humanos. *International Journal of Antimicrobial Agents* 14 27-35.

Wankar K, Shirbhate RN, Bahiram KB, Dhenge SA, Jasutkar RA 2009: Efeito da suplementação com pó de folhas de Neem (*Azadirachta indica*) no crescimento de frangos de carne. *Veterinary World* **2(10)** 396-397.

OMS (Organização Mundial de Saúde) 1997: The medical impact of use of antimicrobials in food animals. Relatório de uma reunião da OMS. Berlim, Alemanha.

OMS (Organização Mundial de Saúde) 1998: A utilização de quinolonas em animais destinados à alimentação humana e o seu potencial impacto na saúde humana. Relatório de uma reunião da OMS. Genebra, Suíça.

Yakhkeshi S, Rahimi S, Gharib-Naseri K 2011: The Effects of Comparison of Herbal Extracts, Antibiotic, Probiotic and Organic Acid on Serum Lipids, Immune Response, GIT Microbial Population, Intestinal Morphology and Performance of Broilers. *Jornal de Plantas Medicinais* **10(37)** 80-95.

Zhao S, Datta AR, Friedman S, Walker RD, White DG 2003: *Serovares de Salmonella* resistentes aos antimicrobianos isolados de alimentos importados. *International Journal of Food Microbiology* **84** 87-92.

Printed by Books on Demand GmbH, Norderstedt / Germany